W0326442

In Zusammenarbeit
mit dem
ZDF

Über das Buch Der Konsum von Fleisch gilt als Gradmesser für Wohlstand. In diesem Buch wird die Kehrseite dieses Wohlstandes gezeigt – und sie ist erschreckend. Die schriftliche Reaktion Tausender Zuschauer auf die ZDF-Sendungen »Keine Rechte für Tiere« und »Vom Elend der Nutz-Tiere« beweist es. Wer wissen will, auf wieviel Tierleid unser Fleischkonsum gründet, kann es in diesem Band nachlesen. Wohin diese Entwicklung führen kann, zeigt das Elend der industrialisierten Massentierhaltung, die Gnadenlosigkeit von Tiertransporten quer durch Europa, das Tierschlachten am Fließband. Diesem Bild des Grauens entsprechen der internationale Handel mit exotischen Tieren und die weiterhin massenweise vorgenommenen Tierversuche in den Labors. Solange unsere Zivilisation »die Ehrfurcht vor dem Leben« verweigert, solange muß sie sich mit dem Vorwurf eines fundamentalen ethischen Versagens auseinandersetzen.

Die Autoren Manfred Karremann, geb. 1961; Diplom-Sozialpädagoge; Autor von Fernsehreportagen, u. a. »Der Schrei aus dem Schlachthof« (1989, ARD); »Tierquälerei im Schlachthof« (1990, ZDF); »Statistik des Grauens« (1991, ARD); »Tierelend auf den Straßen« (1991, ZDF); »Keine Rechte für Tiere« (1991, ZDF); »Vom Elend der Nutz-Tiere« (1992, ZDF); »Cargo – Tiere als Luftfracht« (1992, ZDF).
Karl Schnelting, geb. 1930 in Emmerich; Philologiestudium in Münster, in den USA und Frankreich; Jurastudium in Bonn; Assessor jur.; 1965–68 Geschäftsführer der Werbefunk Saar GmbH; 1968–76 Programmdirektor Fernsehen des Saarländischen Rundfunks; 1971–76 Koordinator des Familienprogramms der ARD. Seit 1976 Leiter der Hauptredaktion Kultur des ZDF.

Manfred Karremann / Karl Schnelting

Tiere als Ware

Gequält – getötet – vermarktet

In Zusammenarbeit mit
Wolfgang Apel, Wolf-Rüdiger Schmidt und Reiner Rosenfeld

Fischer
Taschenbuch
Verlag

fischer alternativ
Eine Reihe des Fischer Taschenbuch Verlags
Herausgegeben von Rudolf Brun

11.–16. Tausend: Januar 1993

Originalausgabe
Veröffentlicht im Fischer Taschenbuch Verlag GmbH,
Frankfurt am Main, Dezember 1992

Redaktionelle Mitarbeit: Thomas Lindner (ZDF)
Bilder: Manfred Karremann/Reiner Rosenfeld
Grafiken: Manfred Karremann
Umschlaggestaltung: Buchholz/Hinsch/Hensinger
Gesamtherstellung: Clausen & Bosse, Leck
Printed in Germany
ISBN 3-596-11631-7

Gedruckt auf chlor- und säurefreiem Papier

Inhalt

Autoren:
Kap. 1: Karl Schnelting
Kap. 2–6: Manfred Karremann
(in Zusammenarbeit mit Reiner Rosenfeld)
Kap. 7: Wolfgang Apel
Kap. 8: Wolf-Rüdiger Schmidt

1. »Das haben wir nicht gewußt!«

Es war das blanke Entsetzen, das zu diesem Buch führte. Natürlich wußten wir auch als Fernsehredakteure, die normalerweise Themen der Kultur behandeln, daß Massentierhaltung nicht wie ein Mädchenpensionat betrieben wird und daß die Schlachtung nicht zimperlich gehandhabt werden kann, wenn der Verbraucher allein in der Bundesrepublik einige -zig Millionen Tiere pro Jahr »frisch auf den Tisch« erwartet.

Als aber Manfred Karremann und Reiner Rosenfeld uns für den *ZDF*-Film *»Keine Rechte für Tiere«* die belichteten Filmrollen vorführten, da stockte uns der Atem. Um es gleich vorweg zu sagen: In der Sendung, die am 2.10.1991 lief, zeigten wir unserem Publikum, auf dessen sittliches Empfinden, auf dessen Verletzbarkeit wir Rücksicht zu nehmen haben, nur den Teil des dokumentarischen Materials, von dem wir glaubten, daß er eben noch zumutbar sei. Und trotzdem reagierten die Zuschauer in Tausenden von Briefen schockiert, erschüttert, ratlos. Fast immer war der Tenor: *»Wir haben nicht einmal geahnt, daß bei uns so mit den Tieren verfahren wird.«*

Auch bei der Sendung am 16.1.1992 *»Vom Elend der Nutz-Tiere«* verwendeten wir nur einen kleinen und den weniger harten Teil des Filmmaterials, stießen aber auf die gleiche Resonanz. Uns wurde die gewaltige Kluft bewußt zwischen dem, was sich in Sachen Tiere in unserer Gesellschaft abspielt, und dem, was diese Gesellschaft davon weiß. Nichts lag näher, als unserem Auftrag, *»über die deutsche Wirklichkeit umfassend zu informieren«*, mit weiteren Fernsehsendungen nachzukommen, wie dies am 29.11.1992 mit einer dreiviertelstündigen Dokumentation und einer anschließenden Diskussion geschah.

Doch darüber hinaus schien es uns notwendig – und dieser Gedanke stand Pate für dieses Buch –, jedem die Möglichkeit zu geben, sich unabhängig von Sendeterminen ein genaueres Bild darüber zu verschaffen, auf wieviel Tierleid unser Wohlstand gründet. Hierbei haben wir die Anregung zahlreicher Zuschauer aufgegriffen, das Themenspektrum zu erweitern: um die Aspekte Tierversuche, Pelztierzüchtung und Heimtierhaltung.

Daneben wird es in Kürze eine Video-Kassette geben, die – weitergehend als die Fernsehsendungen – mit aller nötigen Deutlichkeit Tierhaltung, Tiertransport und Tierschlachtung in Europa dokumentiert.* *»Wir haben nichts davon gewußt«* – dieser Satz sollte uns allen, auch den verantwortlichen Politikern, künftig nicht mehr ganz so leicht über die Lippen kommen.

Betroffenheit und Empörung allein reichen nicht aus. Es muß etwas getan werden – und zwar schnell. *»Wie kann eine Gesellschaft, die sich als zivilisiert und human versteht, so etwas zulassen?«* fragten viele Zuschauer im Anschluß an unsere Sendungen. Die erschütternden Bilder vom Leiden und Sterben der ›Nutz-Tiere‹ haben himmelschreiende Mißstände an den Tag gebracht, die bislang sorgsam den Blicken der Öffentlichkeit entzogen wurden. Vor den gut gefüllten Kühltheken in den Metzgereien und in den Fleischabteilungen der Supermärkte verdrängen wir allzu geflissentlich, daß für dieses Überflußangebot in gigantischem Ausmaß Leben gequält und vernichtet wird. Und die Tendenz ist steigend: Immer mehr Tiere sterben immer schneller, damit wir unsere übersteigerten Bedürfnisse nach Fleisch befriedigen können.

Dieses alltägliche Tierleid muß nicht sein und darf nicht länger hingenommen werden. Wir müssen deshalb nicht alle zu Vegetariern werden. Auch wer auf Steak und Salami nicht verzichten mag, sagt damit keineswegs ja zu diesen Mißständen. Er sollte seinen Zorn nicht zurückhalten.

Ein ständig wachsender Teil der Bevölkerung ist nicht mehr bereit, diese schrecklichen Zustände weiterhin tatenlos hinzunehmen. Vor allem dank der uneigennützigen Tätigkeit der Tierschutzverbände seit vielen Jahrzehnten setzt sich immer mehr ein Wandel im Bewußtsein der Menschen durch. Vom Gesetzgeber, der sich demokratisch versteht, erwartet man nun mit Recht, daß er entsprechend diesem veränderten Bewußtsein handelt. Grundlegende Verbesserungen sind aber nur möglich, wenn sich die breite Masse der Verbraucher ihrer Macht bewußt wird und auf die Verantwortlichen in Wirtschaft und Politik den nötigen Druck ausübt. Dazu müssen die Konsumenten wissen, daß die Qual der wehrlosen Mitgeschöpfe mit unseren Prinzipien der Nützlichkeit und des Gewinns ursächlich zusammenhängt.

* Erhältlich bei: Deutscher Tierschutzbund e.V., Baumschulallee 15, 5300 Bonn 1

Nicht genug, daß wir weltweit in großem Stil die in der Natur lebenden Tiere ausrotten. Wir *›produzieren‹* jährlich viele Millionen *›Nutz-Tiere‹* wie leblose industrielle Ware, um sie dann auf dem Fleischmarkt, in Versuchslabors oder in Pelztierfarmen zu *›verbrauchen‹*. Welche Verachtung des Lebens drückt sich schon allein in dieser Sprache aus! Sichtbar wird sie in den immer tierunwürdigeren Zucht-, Transport- und Schlachtbedingungen, ohne die sich die exzessive Nachfrage nach möglichst billigem Fleisch nicht stillen ließe.
Warum Tiertransporte auf Straßen und Schienen kreuz und quer durch Europa? Weil *›lebende Ware‹* sich immer noch kostengünstiger transportieren läßt als Fleisch in Gefriercontainern. Dabei wird der ›Schwund‹ in Kauf genommen, nämlich die unterwegs qualvoll verendenden Schweine, Rinder und Pferde. Sie bleiben oft vierzig und mehr Stunden ohne Wasser, brechen sich an den nicht tiergerechten Laderampen Gelenke und Gliedmaßen oder geraten in den total überfüllten Lastwagen in Panik und trampeln sich gegenseitig zu Tode. Das ist nicht die Ausnahme, sondern die alltägliche Realität.
Ist Fleisch wirklich *»ein Stück Lebenskraft«*, wie uns die Werbung sagt, wenn sich darin nicht nur die Angstschwingungen der gestreßten Tiere ablagern, sondern auch die Reste von Antibiotika, Wachstumshormonen, Psychopharmaka und anderen Chemikalien aller Art, mit denen sie vollgepumpt wurden? Darüber hinaus ist zu bedenken, daß in jedem Stück Fleisch eine geballte Ladung an Umweltschadstoffen steckt, denn die Überdüngung und Verseuchung der Böden vergiften das Futter und die Körper der Tiere. Am Ende der Nahrungskette aber stehen wir – wem bleibt da nicht der Bissen im Halse stecken? Und selbst wenn es das gesündeste Fleisch wäre: Immer entschiedener warnen die Ärzte vor dem übermäßigen Genuß von tierischem Eiweiß, der zu einem Kennzeichen der Wohlstandsgesellschaft geworden ist.
Dieser Wohlstandskonsum fordert seinen Preis – er schlägt mit Zivilisationskrankheiten wie Herz-/Kreislaufleiden und Krebs brutal auf uns zurück. Wir sind Opfer unserer Gewohnheit, die uns immer wieder zu den appetitlich verpackten Fleischhappen greifen läßt. Aber wer hindert uns denn, unsere Eßgewohnheiten kritisch zu überdenken und unseren Fleischkonsum zu reduzieren? Und zu fragen, woher das Fleisch kommt, das wir essen?
Wir unterstützen die industrielle Verwertung von Leben, wenn wir *›Bedürfnissen‹* nachgeben, die erst geschickte Werbestrategien in uns geweckt haben. Welche pelztragende Dame zählt die Bisamratten oder Füchse, die für ihren Luxusumhang ihr Leben ließen, oder inter-

essiert sich dafür, unter welch qualvollen Bedingungen Zuchtnerze dahinvegetieren? Warum geben wir unser Statusdenken nicht demonstrativ auf? Wir brauchen keine Pelzmäntel, um uns warm zu kleiden. Welcher Papageienfreund, der seinem Vogel liebevoll das Sprechen beibringt, macht sich klar, daß sein Liebling einer der wenigen ist, der die Tortur der Gefangennahme und den Streß des Transports überstanden hat, um schließlich ein trauriges Käfigdasein zu fristen?

Als Studenten vor einigen Jahren in Labors eindrangen und die vor einer qualvollen Behandlung stehenden Versuchstiere befreiten, markierte dies den Beginn eines Umdenkens, das heute immer größere Bevölkerungsgruppen erfaßt. Gegen Tierversuche machen nicht nur Tierschützer Front. Zunehmend formieren sich auch Wissenschaftler, zum Beispiel der europäische Verband der *»Ärzte gegen Tierversuche«*. Sie bestreiten grundsätzlich den Sinn und die Nützlichkeit von Tierversuchen und haben dafür schlagende Argumente: Alle Medikamente, die später beim Menschen schwerste Schäden verursachten, wurden zunächst im Tierversuch erprobt.

Der Theologe Robert Spaemann nennt die Versuchslabors *»eine Welt des Grauens, des Schmerzes, der Todesangst, eine Welt bestialischer Quälereien und technisch perfektionierter Gefühllosigkeit – mitten in unserer humanen mitteleuropäischen Zivilisation«*. Ich bin überzeugt: Würden Art und Ausmaß der Tierversuche in den wohlweislich meist hermetisch verschlossenen Labors wirklich allgemein bekannt, könnte diese Praxis vor dem Zorn der aufgebrachten Öffentlichkeit nicht länger bestehen.

In dem unsäglichen Leid unserer Tiere offenbart sich auf beschämende Weise das Versagen unserer Kultur. Tierschutz ist eine Frage des Selbstverständnisses einer Gesellschaft. Sensibilität gegenüber dem Tier ist ein Maßstab für Humanität und ein Gradmesser dafür, wie sich der Mensch inmitten der Schöpfung versteht. Allzu lange haben wir die Tatsache verdrängt, daß alles Leben untereinander verwandt ist und daß wir entwicklungsgeschichtlich auf den Schultern der Tiere stehen. Wie in unserem Verhältnis zur Umwelt, so drückt sich auch in der Behandlung der Tiere eine tiefe Mißachtung der Natur aus, deren Teil wir doch sind.

Dies beginnen nun endlich auch die Kirchen, wenngleich noch zaghaft, wieder vernehmbarer zu artikulieren, nachdem *»Der Verrat der Kirchen an den Tieren«* (so der Titel eines aufrüttelnden Buches von Carl Anders Skriver) fast sprichwörtlich geworden war. In diesem

Zusammenhang ist auf den im Oktober 1991 vom Kirchenamt der Evangelischen Kirche in Deutschland herausgegebenen Diskussionsbeitrag »Zur Verantwortung des Menschen für das Tier als Mitgeschöpf« hinzuweisen.

Die Schöpfungsvergessenheit muß man wohl eine christliche Erblast nennen. Der Theologe und Psychotherapeut Eugen Drewermann hat zu Recht beklagt, daß weder im Judentum noch im Christentum und im Islam so etwas wie Tierschutz oder Naturschutz ein Anliegen war oder ist. Gestalten wie Franz von Assisi oder Albert Schweitzer sind Ausnahmen. Die mißverstandene Aufforderung *»Macht euch die Erde untertan!«* versetzte den Menschen in den Wahn, er stehe im Mittelpunkt der Welt und könne sich alles zunutze machen. Geschieht dies im Zeichen der Industrialisierung, so gerät das Leben unter den Gesichtspunkt der Effizienz. In diese Welt paßt der naturverbundene Bauer immer weniger hinein. Der ökonomische Zwang der Wohlstandsgesellschaft zu größeren Betrieben, zu stärkerer Konzentration, zu strikt gewerblichem Kalkül machte aus dem Landwirt alter Prägung einen industriell denkenden Agrar-Ökonomen. Und so müssen wir heute feststellen, daß unser Umgang mit *›Nutz-Tieren‹* in eklatantem Gegensatz zu unserer kulturellen Selbsteinschätzung steht, ja daß unsere Kultur – gemessen an unserem Verhalten gegenüber der Tierwelt – wohl zu einer der barbarischsten in der Geschichte gezählt werden muß.

Läßt sich in die europäische Kultur das zurückholen, was Albert Schweitzer eingeklagt hat: Ehrfurcht vor dem Leben, also auch vor dem nicht-menschlichen Leben – mit aller Konsequenz? Akzeptiert man eine solche neue Ehrfurcht als Grundlage für eine übergreifende Ethik des Lebens, so muß man wie in den Kulturen des Ostens den Tieren eine eigene Würde und ein eigenes, nicht vom Nützlichkeitsdenken und vom Egoismus des Menschen zudiktiertes Lebensrecht zugestehen. Unser Verhältnis zum Tier gründet schlicht auf der Ausübung von Gewalt. Wann endlich werden wir uns auf die alte Weisheit von der Einheit allen Lebens zurückbesinnen? Wann wird unser Verhalten wieder in Einklang kommen mit der doch tief in uns verwurzelten, bei Kindern noch ungebrochen erhaltenen Sympathie für die Welt der Tiere? (Auf die hier anklingenden Fragen einer neuen ethischen Grundlegung unseres Verhältnisses zu den Tieren geht Wolf-Rüdiger Schmidt im letzten Kapitel dieses Buches ausführlicher ein.)

Das Tierschutzgesetz von 1986 beschreibt das Tier zwar erstmals als *»Mitgeschöpf«*. Doch dem spricht die Wirklichkeit hohn. Die Schutz-

bestimmungen des Gesetzes sind zu lasch, um die millionenfache tägliche Grausamkeit an Tieren zu verhindern, die unvermeidbar scheint, wo die kalten Gesetze masseindustrieller *›Produktion‹* Anwendung finden auf lebendige Geschöpfe. Wenn beispielsweise das Tierschutzgesetz verbietet, einem Tier *»ohne vernünftigen Grund«* Schmerzen, Leiden oder Schäden zuzufügen, muß es solche *»vernünftigen«* Gründe als Ausnahmen einzeln und unmißverständlich kennzeichnen, soll nicht jedes gewerbliche Interesse als ein solcher Grund durchgehen.
Der Tierschützer Ilja Weiss: *»Ich bezeichne unser Tierschutzgesetz als ein ›Tierverwertungsgesetz‹. Es ist im europäischen Vergleich vielleicht gut, in Wahrheit aber völlig unzureichend. Es muß von Grund auf revidiert werden. Was wir brauchen, ist ein Gesetz über Tierrechte und Menschenpflichten.«* Die Aufnahme des Tierschutzes als Staatsziel ins Grundgesetz: Das wäre ein entscheidender Schritt. Dann stünde der Tierschutz als Rechtsgut nicht länger hinter der Gewerbefreiheit zurück. Allerdings: Die Probleme werden sich mit der Verwirklichung des europäischen Binnenmarktes noch dramatisch zuspitzen. Darum ist eine EG-weite Lösung dringend erforderlich.
Ein ökologischer Aspekt der Massentierhaltung ist der riesige Überschuß an Gülle, der unsere Böden überdüngt und unser Grundwasser mit Nitrat verseucht. Auch liegen die Zusammenhänge zwischen exzessivem Fleischkonsum in einigen Ländern und Hunger in vielen anderen Teilen dieser Welt offen zutage: Ein Großteil des Futters für unsere Tiere kommt aus Entwicklungsländern. Ein Drittel der Welt-Getreide-Produktion ist für Tiere bestimmt. Das heißt: Die Nahrung der Ärmsten wird an die *›Nutz-Tiere‹* der Reichen verfüttert. Von der pflanzlichen Energie, die in einem Steak enthalten ist, könnten vierzig Kinder in den Entwicklungsländern einen Tag lang vor dem Verhungern bewahrt werden. Der Politiker heute sieht sich also – wenn schon nicht aus Liebe zum Tier, so doch aus Gründen der ökonomischen und ökologischen Vernunft – zum Handeln aufgefordert.

2. Massentierhaltung: Vom Elend der Nutz-Tiere

Will man einen Schweine-, Kälber- oder Hühnerstall besichtigen, erweist sich das mitunter als schwieriges Unterfangen. Die *›Tierische Produktion‹* von heute ist streng geheim. Denn würde der Verbraucher sehen, wie die Tiere in den langen, fensterlosen Hallen leben müssen, würde er vielleicht keine Eier und kein Fleisch mehr aus der Massentierhaltung kaufen...

Schweine: Leben im Dunkelstall

»Vorsicht mit plötzlichen Lauten oder überraschendem Licht, das kann einige meiner Schweine das Leben kosten«, erklärt der Landwirt dem Kamerateam des ZDF, das um vier Uhr früh wie vereinbart vor seinem Stall erschienen ist. Obwohl ich ihm am Tag zuvor wahrheitsgemäß erklärt hatte, daß es sich durchaus um einen kritischen Film handelt, den wir machen, hatte er den Filmaufnahmen zugestimmt. *»So sieht eine Schweinezucht eben heutzutage aus«*, meinte er achselzuckend *(Abb. 2.1)*.

Leider. Denn auch in seinem Stall leben etwa 200 Schweine in völliger Dunkelheit, die nur zu bestimmten Zeiten von Dämmerbeleuchtung unterbrochen wird. Je zehn Schweine liegen in einer schmutzigen Betonbucht, manche nagen an den Gitterstangen. Die Tiere liegen so eng aufeinander, daß sie sich kaum bewegen können. Das sollen sie auch nicht, sonst erreichen sie in den vier, fünf Monaten Mast ihr Schlachtgewicht von circa 110 Kilo nicht.

Als wir gedämpftes Licht einschalten, herrscht auf einmal helle Aufregung im Stall. Die Schweine schreien, stehen auf. Meist auf wackeligen Beinen. Weil sie sich kaum bewegen und außerdem auf sogenannten Spaltenböden leben müssen, sind bei vielen Tieren die Gelenke der Hinterbeine verkrüppelt.

Solche Spaltböden sind heute in der Massentierhaltung üblich. Sie bedeuten eine enorme Arbeitsersparnis, weil Kot und Urin durchfallen und nicht ständig ausgemistet werden muß. Und kaum ein Landwirt kann es sich heute leisten, Arbeitskräfte zu bezahlen. Besonders die kleinen Landwirte können sowieso nicht mit den großen industriellen Massentierhaltungen konkurrieren. Die Zahlen sprechen für

Abb. 2.1 Schweine im Dunkelstall auf Spaltenböden

Abb. 2.2 Damit die Mastschweine möglichst schnell zunehmen, werden sie bewegungslos gehalten

sich: Während es 1970 noch 1,03 Millionen Schweinehaltungsbetriebe gab, waren es 1990 nur noch 330 100. Nun ist nicht etwa die Zahl der gehaltenen Schweine zurückgegangen, vielmehr haben immer weniger Landwirte immer mehr Tiere. Als Folge der Industrialisierung der Tierhaltung sind die kleineren Landwirte zugunsten der großen Massentierhaltungen auf der Strecke geblieben *(Abb. 2.2)*.
Buchstäblich auf der Strecke bleiben jedes Jahr auch 400 000 Schweine, wenn sie zum Schlachthof transportiert werden. Sie sterben an Herzversagen. Weil sie zuvor bewegungslos in Dunkelheit gemästet worden sind, sind sie äußerst anfällig für Streß. Lärm und Hektik beim Treiben und Transport bringen manches Tier um. Auch im Massenstall genügt mitunter eine zuknallende Tür, um einige Schweine sterben zu lassen. Ursache für diese Streßanfälligkeit ist neben der bewegungslosen Haltung in Dunkelheit auch die Züchtung.
Weil mageres Fleisch, vor allem Filet und Schnitzel gefragt sind, hat man versucht, die Mastschweine entsprechend zu züchten. Die Speckschwarte, die sowieso keiner kauft, hat man weitgehend weggezüchtet. Dafür haben die Schweine jetzt einige Rippen mehr, für Koteletts. Der Körper der Tiere ist heute im Verhältnis zu den inneren Organen viel größer, sprich, die inneren Organe teilweise zu klein. Das Herz etwa leistet heute nur noch ein Drittel der Arbeit, die es angesichts der Körpermasse erbringen sollte. Die Folge: Die ohnehin streßanfälligen Tiere sterben beim geringsten Anlaß an Herzversagen *(Abb. 2.3)*.

Arzneimittel für Wachstum und gegen Herztod

Diesem finanziellen Ausfall versuchen viele Mäster mit Medikamenten zu begegnen. Sie verabreichen den Tieren vor dem Transport zur Schlachtung sogenannte Tranquilizer, das sind Beruhigungsmittel wie zum Beispiel Valium. Auch sogenannte Betablocker werden verwendet, ebenfalls Drogen zur Beruhigung der Tiere. Rückstände dieser Droge wurden bei Untersuchungen in manchen Schlachthöfen in jedem vierten Schwein gefunden.
Arzneimittel werden den Tieren aber nicht nur vor dem Abtransport verabreicht. Massenställe an sich sind Brutstätten für Infektionskrankheiten aller Art. Mitunter treten in den Intensivtierhaltungen Krankheitsformen auf, die vorher gar niemand kannte. Deshalb werden den Tieren regelmäßig Antibiotika verabreicht. Solche, die Infektionskrankheiten vorbeugen sollen, und manchmal auch jene, die ein schnelleres Wachstum bewirken.

Dazu allerdings werden vielfach auch Hormone verwendet, was für den Verbraucher, der das Schwein schließlich aufißt, nicht immer ungefährlich ist. Apropos Aufessen: Das Fleisch der gequälten Tiere aus der Massentierhaltung nennt man *PSE*-Fleisch. *PSE* ist die Abkürzung für *pale*, *soft* and *executive*, zu deutsch: *blaß*, *weich* und *wäßrig*. Beim Braten ist es daran zu erkennen, daß es auf die Hälfte seines Gewichts zusammenschrumpft und wie Pappe schmeckt. Das Ergebnis einer jahrelangen Nachfrage nach – nur – magerem Fleisch.

Mutterschweine – bewegungslos angebunden

Den Preis zahlen – wie immer – die Tiere, die dieses Fleisch liefern. Schon die Mütter der Schweine, die später in die Dunkelställe gehen, müssen leiden. Sie sollen zweimal im Jahr möglichst zehn Ferkel werfen. Sind die Muttersauen trächtig, kommen sie zum Abferkeln in eine kleine, nicht eingestreute Box. Meist werden sie darin vor dem Wurf auf der Seite liegend angebunden, damit sie die kleinen Ferkel nicht erdrücken können. Etwa einen Monat dauert diese Prozedur, dann kommen die kleinen Ferkel in die sogenannte Vormast. Wenn sie ein Gewicht von 20–30 Kilo erreicht haben, führt der Weg in den Dunkelstall, wo sie bleiben müssen, bis sie sich ihr Schlachtgewicht von etwa 110 Kilogramm angefressen haben. Etwa ein dreiviertel Kilo nehmen die Tiere pro Tag zu, wenn sie bewegungslos gehalten werden. In nur 4–5 Monaten erreichen sie so ihr Schlachtgewicht.
Bereits am ersten Lebenstag schleifen viele Züchter den Mastschweinen die Zähne ab. Am 3. Lebenstag werden dann die Schwänze der Tiere abgeschnitten. Der Grund: Wenn die Schweine später in der drangvollen Enge im Massenstall aggressiv werden, beißen sie sich sonst gegenseitig die Schwänze ab.

Was sagt das Tierschutzgesetz dazu?

Die meisten der knapp 35 Millionen in Deutschland gehaltenen Schweine verbringen ihr Leben so trostlos. Zu Recht kommt jetzt wohl die Frage: Gibt es denn kein Gesetz, das diese Tiere schützt? Was sagt das Tierschutzgesetz zu alldem? Einiges. Jeder mag sich nach meiner Beschreibung der Zustände selbst ein Urteil darüber bilden, ob es eingehalten wird *(Kasten, S. 21)*.
Wer daraus ableiten möchte, es sei Tierquälerei, Schweine bewegungslos in Dunkelställen zu halten, dem sei gesagt: Nach Ansicht

Abb. 2.3 Sogenannter »Transportausschuß«: 400000 Schweine pro Jahr

Abb. 2.4 Kälber in Mastboxen im Dunkelstall

einiger schlauer (und gut bezahlter...) Köpfe bestehen die Bedürfnisse eines Schweines ausschließlich aus Fressen und Schlafen. Was regen sich die spinnerten Tierschützer also auf?

> Tierschutzgesetz, § 2
> »Wer ein Tier hält, betreut oder zu betreuen hat, muß das Tier seiner Art und seinen Bedürfnissen entsprechend angemessen ernähren, pflegen sowie verhaltensgerecht unterbringen und darf die Möglichkeit des Tieres zu artgemäßer Bewegung nicht so einschränken, daß ihm Schmerzen oder vermeidbare Leiden und Schäden zugefügt werden.«

Selbstverständlich gibt es auch noch andere Vorschriften zum Schutz von Schweinen in der Intensivhaltung. Etwa die »Verordnung zum Schutz von Schweinen bei Stallhaltung« vom 1. Juni 1988, die seit 1.1.91 auch in den neuen Bundesländern gilt, (teilweise mit Übergangsfristen bis 1997). Diese besagt, daß Mutterschweine nach vier Wochen aus der Anbinde- bzw. Kastenhaltung herauszunehmen sind. Außerdem, daß Schweineställe täglich mindestens 8 Stunden mit mindestens 50 Lux zu beleuchten sind. Die vom Deutschen Tierschutzbund geforderten Verbote von Spaltenböden und einstreuloser Haltung sowie ein grundsätzliches Verbot der Anbindehaltung von Mutterschweinen wurden nicht berücksichtigt.
Auch die EG-Kommission hat 1989 einen Vorschlag für eine »Verordnung des Rates über Mindestanforderungen für den Schutz von Schweinen in Intensivhaltungen« vorgelegt, der dem deutschen Gesetz überwiegend entspricht.

Kälber: Leben in der Mastbox

Einem Kalb wird nach deutschem Recht ein Lebensraum von 1,5 Quadratmetern eingeräumt. In der Praxis bedeutet dies: Das Tier steht neben hundert anderen in einem dunklen Stall, und zwar in einem Holz- oder Gitterkasten, in dem es sich noch nicht einmal umdrehen kann. Vorne am Kasten, fachmännisch »Mastkalbbox« genannt, befindet sich ein Schlitz, breit genug, daß das Kalb den Kopf durchstecken kann. Unterhalb dieser Öffnung hängt ein Eimer mit flüssiger Nahrung *(Abb. 2.4)*.

Weißes Fleisch durch Eisenmangel

In diesem Eimer befindet sich ein weißer Brei, der vorwiegend aus Milchpulver, Fett und Salz besteht. Vom Salz bekommen die Kälber Durst. Weil sie nichts zu trinken bekommen, halten sie sich an den weißen Brei und fressen etwa doppelt soviel, wie sie normalerweise zu sich nehmen würden. Das bedeutet, sie nehmen auch doppelt so schnell zu, denn viel bewegen können sie sich in der engen Box nicht.
Normalerweise müßten die Tiere nach einer gewissen Zeit sogenanntes Rauhfutter, also nicht-flüssige Ernährung, bekommen. Das wird vermieden, weil eben diese Flüssignahrung das begehrte weiße Fleisch erzeugt. Für die Käufer hat Kalbfleisch nun einmal eine weiße Farbe, und solches Fleisch wird gemeinhin als fettarm, gesünder und wertvoller betrachtet. Ganz einfach deshalb, weil es normalerweise Fleisch von sehr jungen Tieren ist.
Die Kälber in den Mastkalbboxen sehen aber nicht so aus, wie man sich gemeinhin Kälber vorstellt, wenn sie »schlachtreif« sind. Sie sind keine Milchkälber mehr, sondern junge Rinder, nach nur einem halben Jahr Mast im Intensivstall. Könnten sich die Kälber artgemäß bewegen und entsprechendes Futter zu sich nehmen, würde es ungefähr doppelt solange dauern, bis sie ihr Schlachtgewicht von etwa 250 Kilo erreicht hätten.
Durch die Flüssignahrung wird bei diesen Tieren das weiße Fleisch auch in höherem Alter erhalten. Dieses Futter erzeugt eine künstliche Anämie, was soviel bedeutet wie Blutarmut. Genauer gesagt, ein Mangel an roten Blutkörperchen. Der Brei enthält nämlich kein Eisen, und das wäre nötig, um diese willentlich erzeugte Krankheit zu beheben. Selbst die Gitterstäbe vorn an der Mastkalbbox werden manchmal mit Gummischläuchen umwickelt, damit das Kalb nicht daran lecken und Eisen aufnehmen kann. Durch diese unnatürliche Ernährung verkümmern ganze Teile des Verdauungstraktes beim Kalb. Es wird das erzeugt, was viele Verbraucher noch immer kaufen: Weißes, aufgeschwemmtes Fleisch *(Abb. 2.5)*.

Ein halbes Jahr auf Spaltenböden leben

Von ihrem halben Jahr Leben vor der Schlachtung haben die Kälber eigentlich nichts außer Mühsal und Plage. Denn schon nach einer Woche werden kleine Kälber von ihrer Mutter weggenommen und in

Abb. 2.5 Weil weißes Kalbfleisch verlangt wird, darf das Kalb kein Eisen aufnehmen. Deshalb sind die Gitter mit Gummischläuchen umwickelt

den eben beschriebenen Ställen untergebracht. Die Boxen, in denen die Tiere aufwachsen müssen, werden mit zunehmender Größe des Kalbes natürlich immer enger. Kurz vor dem Schlachttag paßt das Tier gerade noch so hinein. Und nicht nur, daß es sich kaum bewegen kann, es muß auch noch auf einem Spaltenboden stehen.
Wie ich bei den Schweinen schon beschrieben habe, ist das ein Boden mit Längsrillen, durch die die Ausscheidungen des Tieres fallen. Für die Kälber ist ein solcher Spaltenboden eine schmerzhafte Sache, weil sich dadurch die Fußgelenke entzünden können. In Schlachthöfen kann man beobachten, wie Kälber staksig und mit dicken Gelenken ihrem Ende zulaufen.
Die Lösung dieses Problems wäre, die Mastkalbboxen zu verbieten, wie dies zum Beispiel in Großbritannien schon geschehen ist. Mastboxen – dort »veal crates« genannt – sind nicht länger zugelassen, weil sie dort den Tatbestand der Tierquälerei erfüllen. Nicht so in Deutschland.
Der Gesetzgeber wird auch bei der Kälberhaltung vermutlich nicht ohne den Druck der Öffentlichkeit im Sinne der Tiere handeln. Die Verbraucher müssen durch ihr Kaufverhalten demonstrieren, daß sie kein weißes Kalbfleisch mehr wollen. Doch selbst beim Kauf von rosarotem Kalbfleisch ist Vorsicht angesagt, wenn diese Produkte nicht von einer Interessengemeinschaft wie ›Neuland‹ oder einem Tierschutzverband geprüft worden sind. Nina Kleinschmidt und Wolf-Michael Eimler dazu in ihrem Buch »Massentierhaltung«, erschienen im ECHO-Verlag Göttingen: *»Neuester Trick: Aus weißem Kalbfleisch mache rosarotes, ›aus artgerechter Haltung und Fütterung‹ mit Hilfe einer Eisenspritze! Der Verbraucher, Tier- und Umweltfreund zeigt sich zufrieden – und alles bleibt beim alten.«*

Geflügel: Langes Leiden oder früher Tod

Stellen Sie sich einmal vor, jemand würde Sie in eine Besenkammer sperren. Ohne Fenster, nur eine schwache Glühbirne brennt Tag und Nacht. Sie sind in der Besenkammer zusammen mit zehn anderen Leuten, von denen Sie die Hälfte noch nicht einmal ausstehen können. Und es ist eng: Sie können sich kaum umdrehen. Sie stehen barfuß auf einem Gitterrost. Unter diesen Bedingungen müssen Sie in dieser Besenkammer ein Jahr zubringen. Vermutlich würden Sie – genauso wie die anderen zehn – an die Tür der Besenkammer trommeln, schreien und aggressiv werden. Doch alles das hilft nichts. Schließlich ist das Jahr um. An dem Tag, an dem die Tür zur Besenkammer endlich geöffnet wird und Sie die Sonne sehen dürfen, müssen Sie sterben *(Abb. 2.6)*.

Legehühner – langes Leiden oder kurzes Leben

Vielleicht ein banaler, nicht ganz neuer Vergleich. Vielleicht Unsinn, Menschen mit Hühnern zu vergleichen. Aber lassen wir einmal die Frage der Intelligenz eines Tieres beiseite, nehmen wir an, daß es vermutlich auch anders fühlt. Wer kann denn mit Sicherheit sagen, daß es für ein Huhn weniger schlimm ist, auf ähnliche Weise sein Leben zu verbringen? Weiß man das in Bonn, beim Bundesministerium für Ernährung, Landwirtschaft und Forsten? Dort zumindest unternimmt man nichts dagegen, daß Hennen ihr Leben in einem Drahtkäfig verbringen müssen.
90% der 38 Millionen Legehühner in Westdeutschland und der 24,7 Millionen Hühner im Osten (Stand: Zählung 1988) müssen ihr Leben so, zu viert oder fünft, in kleinen Käfigen verbringen. 12 bis 15 Monate lang. Jedem Huhn im Legekäfig steht laut Gesetz eine Bodenflä-

Abb. 2.6 Hühner im Legekäfig

Abb. 2.7 Selten bedacht: Hühnerkäfige sind auch nur 45 cm hoch

che von 450 cm^2 zu sowie eine Käfighöhe von 45 cm. Die Bodenfläche entspricht etwa der eines DIN-A4-Blattes, die Höhe des Käfigs etwa der Höhe eines größeren Huhnes *(Abb. 2.7)*.
Der Boden der Legekäfige ist ein dünner, schräger Drahtgitterrost. Drahtgitter, damit der Kot durchfallen kann, schräg, damit die Eier nach vorn auf ein Fließband rollen, das sie dann automatisch zu einer Sammelstelle befördert. Futter und Wasser erhalten die Tiere von einem anderen Fließband, auch automatisch. Die Ställe sind dunkel, nur zu bestimmten Zeiten schwach beleuchtet. Zum einen, damit die Hühner in den engen Käfigen nicht noch aggressiver werden, zum anderen, um die Legezeiten zu steuern. Vergeblich versuchen die Tiere, auf den Drahtgittern zu scharren oder ein Staubbad zu nehmen. Leerlaufhandlungen nennt man das.
Neben diesen psychischen Verhaltensstörungen sind aber auch die körperlichen Schäden an den Hühnern unübersehbar. Einige Beispiele: Gebrochene oder verletzte Flügel und Beine, ein sehr lückenhaftes Federkleid durch die ständige Reibung an den Gitterstäben und durch gegenseitiges Picken der Hühner im engen Käfig, gerötete Hautstellen, geschwollene Fußballen durch die Haltung auf dem schrägen Drahtgitterboden bis hin zu fehlenden Zehen, Verletzungen, etwa an den Augen, die sich die Hühner in ihrer Qual gegenseitig zufügen.
Als Argument für das »Wohlbefinden der Hühner im Käfig« wird gern die Legeleistung ins Feld geführt. Rund 250 gelegte Eier im Jahr sind aber kein Beweis dafür, daß es einem Huhn gut geht, sondern vielmehr das Resultat einer ausgeklügelten Zucht und Fütterung. Durch die Zucht auf Legeleistung sind die Tiere biologisch zum Eierlegen verdammt, bis sogar der Kalk in ihren Knochen ausgelaugt ist und sie brechen. »Käfiglähme« nennt man diese Erscheinung, die früher unbekannt war. Bis zu zwei Millionen Hühner werden in manchen Stallkomplexen gehalten, je 20000 in einer Halle. Die Käfige stehen in zwei, drei oder sechs Etagen übereinander, in scheinbar endlos langen Reihen *(Abb. 2.8)*.

Die vorgeschriebene Schutzlosigkeit

Legalisiert wird diese ganze Tierquälerei durch – man höre und staune – die bundesdeutsche »Verordnung zum Schutz von Legehennen bei Käfighaltung«. Diese Vorschrift ist seit dem 1.1.1988 in Kraft. Vorgeschrieben wird darin eine Käfigbodenfläche von 450 cm^2 pro Huhn,

Abb. 2.8 Legebatterie in einem Franziskanerkloster

bei schweren Rassen 550 cm². Die Haltung in Dunkelställen ist durch die Verordnung abgesegnet. Diese deutsche Vorschrift gründet auf einer »Richtlinie des Rates (EG) zur Festsetzung von Mindestanforderungen zum Schutz von Legehennen in Käfigbatteriehaltung« vom März 1986 und vom März 1988. (Natürlich werden diese Mindestanforderungen in der Praxis nur sehr selten zum Wohl der Hühner überschritten.)

Etwa die Fläche eines Schuhkartondeckels, 450 cm^2, werden in der Richtlinie als ausreichender Lebensraum für ein Huhn festgeschrieben. Begründung: Selbst 450 cm^2 seien bisher nicht in allen EG-Ländern gewährleistet. Jedoch: In Bonn melden sich langsam Zweifel, ob man damit tatsächlich den Lebensbedürfnissen eines Huhnes entspricht. Folgende Stellungnahme gab uns das Bundesministerium für Ernährung, Landwirtschaft und Forsten anläßlich des ZDF-Beitrages *»Keine Rechte für Tiere«* im Herbst 1991:

»Die Käfighaltung rangiert an der unteren Bandbreite des Tierschutzgesetzes. Sie ist eine Übergangslösung und hat nicht auf Dauer Bestand.«

Soweit eine lobenswerte Ansicht. Allerdings feiert diese »Übergangslösung« demnächst 30jähriges Jubiläum: Bereits Mitte der 60er Jahre wurden die ersten Hühnerkäfige in Deutschland eingeführt. Aus Gründen der Rationalisierung, denn Eier sind in den letzten 20 Jahren nicht in dem Maße teurer geworden wie andere Lebensmittel. Also sollte die Produktion eines Eies weniger kosten. Legebatterien wurden daher kräftig subventioniert, versprachen höhere Gewinnspannen als die bisher übliche Bodenhaltung in großen Hallen.
Ein beeindruckender Gedanke: 2 Millionen Hühner legen etwa 1,5 Millionen Eier am Tag. Die Fütterung der Tiere und der Abtransport der Eier werden vollautomatisch abgewickelt.
Nur 24 Arbeitskräfte werden dazu benötigt. Etwa 200 Leute wären mit den Ställen beschäftigt, wenn dieselbe Zahl Hühner auf dem Boden gehalten würde. Wer damit überflüssig wird, sind in der Praxis allerdings keine Arbeiter, sondern Landwirte.
Findige Geschäftsleute haben schnell erkannt, daß mit der Einführung der Legebatterien gutes Geld zu machen war. Industriekonzerne schafften sich daher Batteriekomplexe mit Millionen von Hühnern an – und verdienten gut. Hunderttausende kleiner Landwirte wurden durch eine solche Konzentration der Tiere in »Eierfabriken« um ihre Existenz gebracht – sie waren nicht mehr konkurrenzfähig.
Doch abgesehen von der Schweiz, wo die Käfighaltung inzwischen verboten wurde, hat sich die »Übergangslösung Legebatterie« doch weltweit behaupten können. Auch in Deutschland gab es bislang keine ernsthafte Diskussion über eine Abschaffung der Käfige, obwohl allein schon der »Verein gegen tierquälerische Massentierhaltung« vor Jahren zwei Millionen Unterschriften gegen Legebatterien gesammelt hat. Die Argumente für die Käfige sind immer dieselben: Konkurrenzfähigkeit gegenüber dem Ausland und daher das Warten-Müssen auf eine EG-Lösung. Das Land Nordrhein-Westfalen wollte das nicht abwarten und hat im Jahr 1990 beim Bundesverfassungsgericht einen sogenannten Normenkontrollantrag gegen die Hennenhaltungsverordnung eingereicht. Eine Entscheidung steht bislang noch aus.
Besteht wieder ein kleiner Hoffnungsschimmer für die Millionen gequälter Tiere in kleinen Käfigen und Dunkelställen? Wohl kaum. Bisher sind alle Klagen gegen die Hühnerkäfige zum Nachteil der Tiere entschieden worden. Wie lange dürfen solche Quälereien mit Billigung von Staat und Justiz stattfinden?
Doch verantwortlich sind nicht nur »die da oben in Bonn«. Wenn die

Bürger gegen die sogenannte »KZ-Haltung« von Hühnern protestieren, müssen sie sich auch die Frage gefallen lassen, weshalb die Nachfrage nach Eiern aus der Bodenhaltung in den letzten Jahren nicht gestiegen ist. Vielleicht ist diese ganze Tierquälerei inzwischen zur Normalität geworden. Immerhin finden sich selbst in Franziskanerklöstern Legebatterien, obwohl gerade Franziskus doch die Vögel geliebt hat...

Küken: 44 Millionen sterben am ersten Lebenstag

Was hätte Franziskus wohl dazu gesagt, daß in Deutschland jedes Jahr 44 Millionen Küken bereits an ihrem ersten Lebenstag getötet werden? *(Abb. 2.9)* Wenn Küken nach 21 Tagen im Brutschrank aus dem Ei schlüpfen, muß die Hälfte aller Tiere auch gleich wieder sterben. Die männlichen Küken des Zuchttyps »Legehenne« werden nicht gemästet, sondern aussortiert. Zur Mast als Hähnchen werden nur eigens dafür gebrütete Tiere einer »fleischerzeugenden« Rasse (wie das im offiziellen Sprachgebrauch heißt) verwendet. Deshalb werden die männlichen Küken der »eiererzeugenden« Rasse getötet. In der Regel werden diese Tiere vergast. 44 Millionen sind es im Jahr in Deutschland, eben die Hälfte der 88 Millionen geschlüpften Küken der Legehennenrassen (Zentrale Markt- und Preisberichtstelle [Bonn], für alte und neue Bundesländer). Die 44 Millionen Küken werden zu Schweinefutter verarbeitet. Trotz aller Proteste des Deutschen Tierschutzbundes, nach dessen Ansicht diese Massentötung dem Tierschutzgesetz widerspricht *(Kasten)*.

Tierschutzgesetz, § 17 (1)
»Mit Freiheitsstrafe bis zu zwei Jahren oder mit Geldstrafe wird bestraft, wer ein Wirbeltier ohne vernünftigen Grund tötet.«

Aus welchem – vernünftigen – Grund also werden die Millionen Küken umgebracht? Ich habe jemanden gefragt, der sich in der Geflügelwirtschaft bestens auskennt. Geantwortet hat er, genannt werden möchte er nicht: *»Das hat nichts mit der Massentierhaltung zu tun. Es ist eine Frage der großen Bestände und der Wirtschaftlichkeit. Man hat bei diesen Rassen konsequent auf Legeleistung gezüchtet, und es ist nicht wirtschaftlich, die männlichen Tiere aufzuziehen, der Verbraucher würde ihnen die um die Ohren schlagen.«*
Vermutlich wissen die meisten Verbraucher gar nicht, daß für Eier aus der Legebatterie nicht nur Hühner leiden, sondern auch Millionen Küken sterben müssen. Oft auf qualvolle Weise. Manche – wenn

Abb. 2.9 Küken aus dem Brutschrank

auch wenige Betriebe – ersticken die »überflüssigen« Küken nicht im Gas, sondern schütten sie in eine sogenannte »Musmühle«. Das ist ein Trichter, in dem die Küken von einem blitzschnell rotierenden Messer zerschnitten werden.
Eine andere Methode habe ich auf einer kleinen Geflügelfarm beobachtet: Der Besitzer hat die männlichen Küken in eine Trommel geworfen, die aus einer Waschmaschine stammte. Diese Trommel hat er dann einfach so lange unter Wasser gehalten, bis die Küken ertrunken waren. Es hat eben nicht jeder die Möglichkeit, seine Küken zu vergasen, und wenn's die Großen dürfen...
Das Bundesministerium für Ernährung, Landwirtschaft und Forsten schickte mir dazu im Zusammenhang mit der Produktion des Films »Keine Rechte für die Tiere« (ZDF, 1991) folgende Stellungnahme:
»Auf dem Gebiet der landwirtschaftlichen Nutztierhaltung stellt sich die Frage nach der Rechtmäßigkeit der Tötung von Eintagsküken auf Grund ihres Geschlechts. Bei den heutigen Zuchtlinien mit einer scharfen Trennung zwischen eier- und fleischerzeugenden Rassen wird bei Legerassen die Tötung der männlichen Küken trotz ethischer Bedenken als gerechtfertigt angesehen.«
Die überlebenden Tiere erwartet ein Leben voller Qualen. Bereits 10 Tage nach der Geburt werden den kleinen Legehennen die Schnäbel mit einem heißen Messer gekürzt, damit sie sich später in den Käfigen nicht blutig hacken können *(Abb. 2.10)*. Diese Prozedur ist für das Küken schmerzhaft, weil der Schnabel ein sensibles Tastorgan ist, durch das auch Nerven verlaufen. Hinzu kommt, daß die Tiere nur noch mit großer Mühe Futter aufnehmen können, weil ihnen nicht selten der halbe Oberschnabel fehlt.

Masthähnchen – der frühe Tod

Bei den »fleischerzeugenden Rassen«, also bei Hähnchen, werden die Schnäbel in der Regel nicht gekürzt. Hähnchen, wie die für die Mast bestimmten Tiere im allgemeinen Sprachgebrauch bezeichnet werden, werden nicht in Käfigen gehalten, sondern auf dem Boden. Im Gegensatz zu den Legerassen werden bei den »fleischerzeugenden« Rassen auch keine Küken vergast – Hähnchen können sowohl männlichen als auch weiblichen Geschlechts sein.
Das hört sich schon besser an als bei den Legehennen. Doch schon der Fachausdruck »Endproduktküken«, wie man die kleinen Mast-

Abb. 2.10 Schnabelkürzen mit einem heißen Messer

Abb. 2.11 Masthähnchen: 40 Tage Leben im Massenstall

hähnchen nennt, läßt darauf schließen, daß diesen Tieren auch nicht viel Gutes bevorsteht *(Abb. 2.11)*.
Sie dürfen nämlich nur 40 Tage leben. In großen Hallen werden sie bei Dauerbeleuchtung gemästet. Sie sollen in den 6 Wochen möglichst viel fressen, damit sie möglichst schnell zunehmen. Sind die 40 Tage um, werden die Hähnchen zur Schlachtung transportiert, obwohl sie noch nicht einmal ausgewachsen sind *(Abb. 2.11)*.

Daten und Fakten

Grafik 2.1: Zahl der Schweinehaltungsbetriebe (alte Bundesländer)

1970	1989/90
1,3 Mio Betriebe	330 100 Betriebe
Ø Bestand: 20 Schweine	Ø Bestand: 73 Schweine

Die Zahl der Schweinehalter hat von 1970 bis 1990 um zwei Drittel abgenommen. Als Folge der intensiven Massentierhaltung in Großbetrieben sind die kleinen Landwirte auf der Strecke geblieben. Während 1970 noch jeder Betrieb im Durchschnitt 20 Schweine hielt, waren es Ende 1989/Anfang 1990 bereits 73.

Grafik 2.2: Rückgang der landwirtschaftlichen Betriebe (alte Bundesländer)

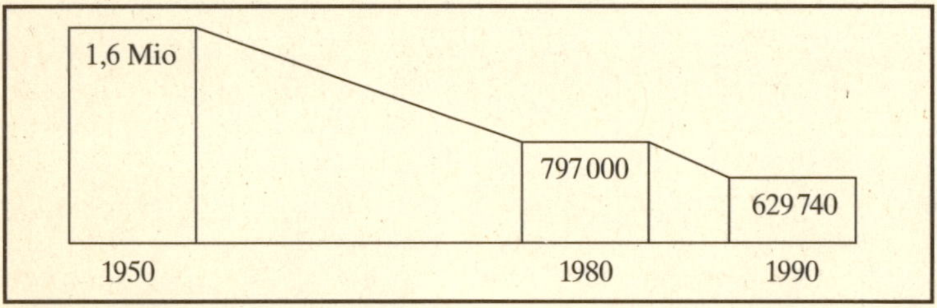

Quelle: nach BMELF

Die Zahl der landwirtschaftlichen Betriebe ist seit 1950 beständig gesunken. 1990 mußten jeden Tag 52 Höfe aufgeben.

Was können wir tun?

- Falls Sie Fleisch essen, darauf achten, wo dieses Fleisch herkommt. Fragen Sie Ihren Metzger, woher er seine Schlachttiere bezieht. Kaufen Sie Fleisch nur dort, wo Sie sicher sein können, daß es nicht aus tierquälerischer Massentierhaltung stammt. Kleinere Metzgereien können darüber durchaus Auskunft geben. Fleisch aus artgerechter Haltung ist darüber hinaus meistens als solches gekennzeichnet. Im Zweifelsfall: Auf Fleisch verzichten, so man kann. Dasselbe gilt auch für Hähnchen- und Putenfleisch.
- Beachten Sie: Eier aus Boden- oder Freilandhaltung sind auf der Verpackung als solche gekennzeichnet, während dies bei Eiern aus Käfighaltung nicht der Fall ist. Sie sind einige Pfennige teurer, dafür können wir sie ohne schlechtes Gewissen essen. Wenn mehr Eier aus der Boden- und Auslaufhaltung verlangt werden, werden weniger Hühner im Käfig sitzen müssen. Bislang liegen sie wie Blei in den Regalen, teilte uns einer der größten europäischen Erzeuger mit. Nur wir Verbraucher können das ändern.
- Überall, wo wir essen, sollten wir fragen, welche Sorte Eier für die Zubereitung der Speisen verwendet wurden. Auch wenn wir zuerst ratloses Kopfschütteln ernten: Solche Fragen haben eine Signalwirkung.
- Machen Sie Freunde, Bekannte und Verwandte auf die Mißstände in der Hühnerhaltung aufmerksam.
- Wenn Sie Ihre Meinung äußern wollen, schreiben Sie an:
  Bundesministerium für Ernährung, Landwirtschaft und Forsten
  5300 Bonn

Zentrale Forderungen der Tierschutzverbände sind:

- ein Verbot der Haltung von Schweinen und Kälbern auf Spaltenböden, statt dessen eine Unterbringung der Tiere auf Stroheinstreu oder mit Auslauf;
- ein Verbot der Anbinde- und Kastenstandhaltung bei Mutterschweinen;
- ausreichend Raum für Masttiere. ⅓ oder ½ Quadratmeter pro Schwein ist zu wenig;
- ein Verbot der Mastkalbboxen und der Spaltenböden. Statt dessen eine Haltung der Kälber ab einem Alter von 8 Wochen in Gruppen auf Stroheinstreu;

- es muß eine Lösung gefunden werden, wie das Töten der männlichen Küken der Legerassen unterbleiben kann. Es ist ethisch nicht vertretbar, lebende Tiere wie Müll zu behandeln. Im Zweifelsfall müssen die männlichen Küken aufgezogen werden;
- ein Verbot des Schnabelkürzens bei Hühnern und Puten;
- ein Verbot der Käfighaltung von Hühnern. Entsprechend den Forderungen des Deutschen Tierschutzbundes dürfen keine neuen Käfighaltungen mehr zugelassen werden. Während einer Übergangszeit von 5 Jahren dürfen vorhandene Käfige nur noch mit höchstens zwei Hühnern besetzt werden. Eier aus der Käfighaltung müssen als solche gekennzeichnet sein, auch im Interesse jener, die ihre Hühner nicht im Käfig halten. Diese Forderungen setzen natürlich ein entsprechendes Verhalten des Verbrauchers voraus;
- eine dem Lebensrhythmus der Tiere angepaßte Beleuchtung der Ställe;
- ein neues Tierschutzgesetz, denn unser jetziges hat seine Unwirksamkeit im Hinblick auf die Massentierhaltung hinlänglich bewiesen.

Vorschriften zur Nutztierhaltung

1. Nationale Vorschriften

a) Tierschutzgesetz
   § 2: allgemeine Anforderungen an die Tierhaltung
   §§ 5/6: Eingriffe an Tieren
   § 16: behördliche Überwachung der Tierhaltungen

b) Rechtsverordnungen
   - Schweinehaltungsverordnung
   - Hennenhaltungsverordnung
   - in Vorbereitung: Kälberhaltungsverordnung

2. Europäische Gemeinschaft

Richtlinien (für die Mitgliedsstaaten rechtsverbindlich) zur
- Schweinehaltung
- Kälberhaltung
- Legehennenhaltung

3. Europarat

a) Europäisches Übereinkommen zum Schutz von Tieren in landwirtschaftlichen Tierhaltungen

b) Empfehlungen für das Halten von
   - Schweinen
   - Rindern
   - Legehennen

3. Tiertransporte: Keine Rechte für Tiere

Etwa 250 Millionen Tiere überqueren jedes Jahr die europäischen Grenzen. Auf LKWs, mit der Bahn oder auf Schiffen – Transporte über 2000 Kilometer und mehr sind nichts Ungewöhnliches. Ob es Pferde sind, die von Rußland nach Italien transportiert werden, oder Rinder von Polen auf die Kanarischen Inseln – kein Weg ist zu weit. Oft bleiben die Tiere auf solchen Reisen tagelang ohne Futter und Wasser – viele sterben auch. Die Tierhändler nehmen solche Verluste in Kauf, denn das Geschäft lohnt sich trotzdem: Man kauft beispielsweise Schlachtpferde billig in Polen ein und verkauft sie dann teuer in Italien.

Weil das Reiseziel bei internationalen Tiertransporten meistens sowieso ein Schlachthof ist, fordern die Tierschutzverbände seit Jahren, daß die Tiere am Herkunftsort geschlachtet werden sollen und dann das Fleisch in Kühlzügen transportiert werden soll. Bislang ohne Erfolg. Die EG-Länder sind sich noch nicht einmal über eine Begrenzung der Dauer von Schlachttiertransporten einig geworden. Und das, obwohl 1993 die europäischen Grenzen geöffnet werden. Damit fallen auch die letzten, ohnehin vielerorts laschen Kontrollen der Tiertransporte weg. Und wirksame Gesetze zum Schutz der Tiere auf Transporten werden schon vor dem gemeinsamen Binnenmarkt nicht eingehalten oder fehlen ganz.

Straßentransporte: Durstige Tiere in überladenen LKWs

»An der spanischen Grenze habe ich viele Probleme mit einem Transport von Ferkeln gehabt. Die Zöllner haben mich vier Stunden stehen lassen, bei vierzig Grad Hitze. Ich habe mehrmals um Wasser für die Tiere gebeten, aber keines bekommen. Schließlich waren 378 Ferkel tot.« Wir treffen den belgischen LKW-Fahrer, der uns das erzählt, an der polnisch-deutschen Grenze bei Frankfurt/Oder. Seine Ladung diesmal: 70 Rinder aus Polen, Reiseziel Tunesien. Einige dieser Tiere liegen schon hier in Frankfurt/Oder, nach nur wenigen Stunden Fahrt, erschöpft und schweratmend im LKW. Vermutlich werden

nicht alle lebend in Tunesien ankommen. Bei internationalen Schlachttiertransporten nichts Besonderes. Um nur ein Beispiel zu nennen: Allein am slowenisch-italienischen Grenzübergang bei Szecana-Fernetti, wo ein Teil der Transporte von Osteuropa nach Italien abgefertigt wird, registriert man jeden Monat etwa 300 tote Tiere.

Die amtlichen Zahlen des dortigen Veterinärbereiches Prosecco sprechen für sich:

März 1988:	369 Tiere tot, davon: 26 Pferde, 297 Schafe, 18 Rinder, 28 Kälber.
März 1989:	207 Tiere tot, davon: 13 Pferde, 147 Schafe, 16 Rinder, 31 Kälber.
März 1990:	316 Tiere tot, davon: 79 Pferde, 169 Schafe, 17 Rinder, 51 Kälber.
3.–27. März 1991:	317 Tiere tot, davon: 51 Pferde, 217 Schafe.

Kommentar des zuständigen italienischen Amtstierarztes zu diesen Todesraten gegenüber dem Biologen Reiner Rosenfeld: *»Stellen Sie sich doch nicht so an – diese Mortalitätszahlen sind in Prosecco seit Jahren üblich.«* Zu bemerken ist dazu, daß über den Grenzübergang Szecana-Fernetti nur ein kleiner Teil der italienischen Lebendtierimporte abgefertigt wird. Daß solche Zahlen auch an anderen europäischen Grenzen »üblich« sind, kann sich jeder unschwer vorstellen.

Reiner Rosenfeld und ich haben bei den Arbeiten zu Filmbeiträgen wie »Tierelend auf Deutschlands Straßen« (ARD, 1991) oder »Keine Rechte für Tiere« (ZDF, 1991) jedenfalls genug verdurstete Tiere gesehen, um das behaupten zu können. Wir haben mehrere Schlachttiertransporte quer durch Europa begleitet, um mit der Kamera zu dokumentieren, welche Leiden ein internationaler Transport für die Tiere mit sich bringen kann. Wir bekamen viel mehr Tierelend zu sehen, als wir erwartet hatten. Hier zwei Auszüge aus unseren Berichten über diese Transportbegleitungen:

Von Polen nach Frankreich

Rzepin (Polen), im Juli 1991: Zitternd steht ein braunes Schlachtpferd auf der Rampe der Zoll- und Veterinärstation Rzepin in Polen. Das Tier blutet über einem Auge und am Bauch. Bereits nach wenigen Stunden Transport durch Polen ist dieses Tier schon hier, kurz vor der deutschen Grenze, total erschöpft. Den Transit (= Durchfuhr) durch Deutschland und den weiteren Weg zum Schlachthof in Bordeaux/Frankreich würde es nicht überleben. Deshalb wird es vom Tierarzt in Rzepin, der letzten polnischen Kontrollstation vor der östlichen Grenze Deutschlands, ausgesondert. Sehr zum Unwillen des französischen Lastwagenfahrers, der dafür überhaupt keinen Grund sieht *(Abb. 3.1)*.

Das Pferd wird in einen Stall geführt, in dem noch andere verletzte und geschwächte Artgenossen stehen. Nur Pferde – wohlgemerkt. Denn all die anderen Tiere, die nach stundenlangem Transport durch Polen an dieser Verladestation ankommen, werden nicht entladen und getränkt. Und das, obwohl auch die Rinder, Schafe und Ferkel oft noch dreitausend Kilometer Fahrt vor sich haben. Kälber auf zwei- und dreistöckigen Transportern schreien schon hier vor Durst – ver-

Abb. 3.1 Pferd ist nach wenigen Stunden Fahrt zusammengebrochen

Abb. 3.2 Überladener Ferkeltransporter

gebens. Manche Kuh liegt halbtot im LKW, kann nur mit Elektroschocks noch einmal auf die Beine gezwungen werden. In welchem Zustand werden diese Tiere in Spanien, Tunesien oder auf den Kanarischen Inseln ankommen?
Doch Verluste sind eingeplant, die LKWs nicht selten überladen. Ein holländischer Fahrer sagte uns dazu: *»Das Überladen liegt an der Konkurrenz zwischen den Speditionen. Sie wollen billig fahren, dann werden zu viele Tiere aufgeladen, und es gibt Tote.«*
Verbindliche gesetzliche Regelungen, wie viele Tiere auf welcher Fläche transportiert werden dürfen, fehlen bislang auch in Deutschland. Und die meisten Tiere, die die polnische Verladestation Rzepin passieren, fahren im Transit durch Deutschland *(Abb. 3.2)*.
Wir haben einen LKW-Konvoi von Rzepin in Polen bis nach Frankreich begleitet. Es waren zwei Transporter mit Schlachtpferden für Bordeaux in Frankreich und ein Rindertransport mit Ziel Murcia in Südspanien. Konzentriert haben wir uns auf den Rindertransport. Es handelte sich um einen modernen Sattelzug, der auf zwei Stockwerken mit insgesamt 78 Rindern beladen war. Unser Ziel war, einen Transport von Tieren auf einem LKW von hohem technischen Standard zu dokumentieren. Bewußt haben wir keinen Seelenverkäufer ausgewählt, weil wir meinen, daß sich Tierquälerei nicht nur an der Zahl toter Tiere messen darf, sondern sich auch am nicht-spektakulären Elend im Alltag eines Tierlebens orientieren muß *(Abb. 3.3)*.

Gesetz zu dem europäischen Übereinkommen vom 13. Dezember 1968 über den Schutz von Tieren beim internationalen Transport, 12. Juli 1973 (BGBl. II S. 721).

Kapitel II

Einhufer und Tiere der Gattung Rind, Schaf, Ziege und Schwein, soweit sie Haustiere sind.

Artikel 6, Absatz 4
Während des Transports sind die Tiere in angemessenen Zeitabständen mit Wasser und geeignetem Futter zu versorgen. Die Tiere dürfen dabei nicht länger als 24 Stunden ohne Futter und Wasser bleiben. Die Frist kann jedoch verlängert werden, wenn die Tiere den Verladeort innerhalb eines angemessenen Zeitraumes erreichen.

Fazit

Die Rinder wurden 38 Stunden nicht getränkt. Die 24-Stunden-Grenze wurde bereits bei Nürnberg (genau: am Rasthof Berg bei Hof) erreicht. Einige Tiere lagen nach 24 Stunden ohne Wasser bereits völlig apathisch im LKW, konnten noch nicht einmal mit dem Elektrostab wieder auf die Beine gebracht werden. In Weil am Rhein, beim Grenzübertritt von Deutschland nach Frankreich, wurden die Tiere von einem französischen Tierarzt begutachtet. Diese Kontrolle dauerte etwa zwei

Minuten, dann ließ der Veterinär den Transport in Richtung Südspanien passieren, obwohl die Tiere bereits über 30 Stunden ohne Wasserversorgung waren. Der Spediteur hat die Rinder schließlich freiwillig in Vesoul/Frankreich entladen und getränkt. Zugleich wies er darauf hin, daß es auch andere Spediteure gäbe, die ihre Transporte Non-Stop von Polen nach Spanien fahren lassen würden.
Für die Tiere bedeutet das, daß sie 50–60 Stunden ohne Wasser bleiben. Daß Transporte von solcher Dauer keine Seltenheit sind, haben unter anderem auch Mitarbeiter der englischen Tierschutzorganisation R. S. P. C. A. bewiesen. Sie verfolgten einige Transporter von Großbritannien bis nach Italien und stellten fest, daß auf dem ganzen Weg nicht einmal getränkt wird. Zwar steht in den Papieren der Fahrer, wann die Tiere getränkt worden sind, doch in Italien interessiert das bei der Ankunft eh kaum jemanden. Und Stempel sind mancherorts auch ohne Tränkung zu bekommen.
Solche Strecken sind für Schlachttiere unzumutbar, meinen wir, selbst wenn während des Transports kein Tier stirbt. Der Deutsche Tierschutzbund fordert, wie auch andere Verbände, seit Jahren eine Begrenzung der Transportdauer bis zum nächstgelegenen Schlachthof. Auch Bundeslandwirtschaftsminister Ignaz Kiechle vertrat diese Ansicht in einem Interview zum *Report*-Beitrag über unsere Transportbegleitung im Juli 1991:
»Ich bin der Meinung, daß wir dazu kommen sollten, die Transportdauer auf ein Mindestmaß zu beschränken und Tiere nur noch bis zum nächstgelegenen Schlachthof zu transportieren.«
Durchgesetzt hat er diese wohlklingende Forderung weder innerhalb Deutschlands noch in der EG. Während die Bundesrepublik sich bei den EG-Verhandlungen im Herbst 1991 für eine Transportdauerbeschränkung auf 24 Stunden eingesetzt hat, blieb sie im eigenen Land untätig. Zu den 400000 Schweinen, die jedes Jahr allein innerhalb Deutschlands (West) auf der Strecke bleiben, meinte Bundesminister Ignaz Kiechle bei einer Pressekonferenz in München im Herbst 1991:
»Ja mei, die eine Sau schafft's halt, die andere nicht.«
Beispielhaft gehandelt haben die Länder Bayern und Sachsen. Sie haben umgehend nach Bekanntwerden der eklatanten Mißstände bei Tiertransporten die Grenzkontrollen verschärft und damit auch eine größere Sorgfalt von seiten der Transporteure bewirkt. Solche zwangsläufigen Kontrollen gibt es ab 1993 innerhalb der EG nicht mehr, nur noch bei Importen aus oder Exporten nach sogenannten Drittländern (= Nicht-EG-Länder). Eine europäische Regelung zur

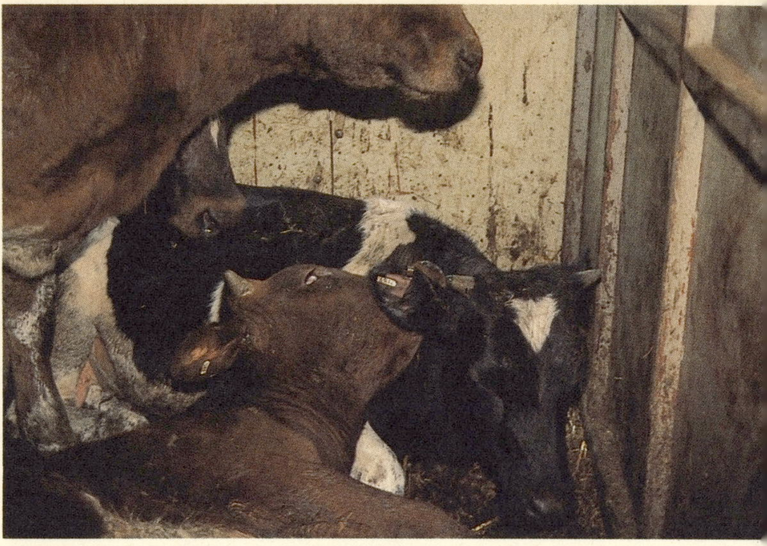

Abb. 3.3 Transport Polen–Spanien: 38 Stunden ohne Wasser

Abb. 3.4 Auf dem LKW erstickte Schafe

Begrenzung der Transportdauer und die Sicherstellung von Kontrollen innerhalb des Binnenmarktes sind daher ausgesprochen dringlich.
Denn was den Tieren beim Export aus Deutschland und aus der EG blüht, ist haarsträubend genug. Zu solchen Exporten teilte uns das Bundesministerium für Ernährung, Landwirtschaft und Forsten anläßlich des ZDF-Beitrages *»Vom Elend der Nutz-Tiere«* (16.1.92) mit:
»Tierschutz ist unteilbar. Unsere Verantwortung für die Tiere darf nicht an den Grenzen haltmachen.«
Wir wollten also wissen, wie es den Schlachttieren nach dem Verlassen der deutschen und der EG-Grenzen ergeht. Etwa beim Export nach Tunesien, Syrien, Libanon oder auch Jemen, wo die Tiere schließlich geschächtet werden (Schächten: siehe *Kap. 4*).
Solche Transporte sind unglaubliche Strapazen für die betroffenen Tiere. Meistens sind sie schon mehrere Tage auf Lastwagen und in Zügen durch Europa unterwegs, bevor sie einen Schiffsverladehafen erreichen. Von dort aus sind sie wieder mehrere Tage – manchmal auch Wochen – in einem mehrstöckigen Frachtschiff eingepfercht. Nicht selten werden sie nach dem Schiffstransport dann wieder auf LKWs verladen und noch einmal einige Stunden oder Tage transportiert. Etwa, wenn Tiere in den Libanon verschifft werden und ihr Ziel eigentlich Syrien ist.
Wir haben uns die Schiffsverladung von Schafen und Rindern in Kroatien einige Tage angesehen (*»Keine Rechte für Tiere«*, ZDF, 2.10.91): Den ganzen Morgen liefern LKWs im kroatischen Adriahafen R. Schafe an. Insgesamt werden mehrere hundert Tiere aus den vierstöckigen Lastwagen ziemlich unsanft entladen. Einige werden schon tot aus dem LKW gezogen, sie sind während des mehrtägigen Transports durch Europa erstickt *(Abb. 3.4)*. Nachmittags werden mehrere hundert Rinder angeliefert. Einige kommen in Bahnwaggons, die meisten auf italienischen LKWs, obwohl es Tiere aus Deutschland sind.
Die Rinder sind bei der Ankunft im Hafen sehr durstig, aber sonst in gutem Zustand. Die kroatischen Arbeiter entladen die Tiere mit stoischer Ruhe, tränken sie sogar. Ein so ruhiges Entladen von Rindern haben wir in Deutschland nie beobachtet. Hätten wir gewußt, was in diesem Hafen am nächsten Morgen bei der Verladung der Tiere geschieht... *(Abb. 3.5)*.

Abb. 3.5 Schiffsverladung von Schafen

Schiffsverladung: Stockschläge und Elektroschocks

Am Morgen nach der Anlieferung werden zuerst die Schafe auf den Frachter geladen. Mit Stockschlägen treiben die Arbeiter die Tiere vom Hafenstall zur Verladerampe am Schiff. Ein alter, rostiger Frachter. Einige Schwesterschiffe sind schon auf dem Weg von Kroatien in den Libanon untergegangen – mitsamt den Tieren.

Über eine schmale Verladerampe werden die Schafe auf den Frachter getrieben – oder besser: geprügelt. Die Arbeiter pferchen das Schiff von oben bis unten mit Schafen voll. Nur die mittlere Etage und der Schiffsbauch bleiben leer für die nachfolgenden Rinder. Ansonsten werden in jeden noch so kleinen und ungeeigneten Stauraum Schafe getrieben oder geschmissen. Von Fußtritten auf den Kopf eines Tieres bis zum Brechen seiner Beine ist den Arbeitern dazu jedes Mittel recht.

Nur knapp zwei Stunden dauert die Verladung von mehreren hundert Schafen. Nach einer kurzen Pause beginnen die Männer mit der Verladung der Rinder. Mit Elektroschocks und kräftigen Stockschlägen treiben die Arbeiter die Rinder aus dem Stall in einen Treibgang, der zum Schiffsverladesteg führt. Immer wieder stürzen die Rinder vor dem steilen Steg auf den Frachter übereinander, verheddern sich in den Gittern des Treibgangs. Elektroschocks bringen sie wieder zum Aufstehen *(Abb. 3.6)*.

Über schmale und wackelige Planken werden die Rinder in den Schiffsbauch getrieben. Manches Tier hat Angst vor dem steilen Abstieg, sträubt sich. Wie besessen schlagen die Arbeiter auf solche Tiere ein. Wer den Film *»Keine Rechte für Tiere«* (ZDF, 2.10.91) gesehen hat, wird sich vor allem an das Schicksal eines Bullenkalbes erinnern. Zu Recht hat das Leid, das diesem Tier widerfahren ist, in mehreren Ländern einen Aufschrei der Empörung in der Bevölkerung ausgelöst.

Die Schiffsverladung der Rinder ist in vollem Gange. Einige Tiere weiter unten im Schiff haben panische Angst vor dem letzten Stück Rampe in den Bauch des Frachters. Die Verladung stockt. Oben am Abstieg ins Schiff prügeln die Arbeiter wie irr auf einige Rinder ein. Ein Holzstock zersplittert auf dem Kopf eines Tieres. Weil die oben am Abstieg solchermaßen mißhandelten Rinder nachdrängen, stürzen weiter unten die Tiere übereinander. Ein Rind bricht sich sein Hüftgelenk, stürzt zu Boden. Es kann nicht mehr aufstehen. Der Kapitän ordnet an, dieses Tier wieder von Bord zu schaffen. Weil die

Abb. 3.6 Rind ist bei der Schiffsverladung auf dem Steg ausgerutscht

deutsche Spedition nur bis »frei an Bord« für Verluste haftet, möchte der Kapitän das verletzte Tier keinesfalls mitnehmen.
Obwohl uns der Kapitän mehrmals auffordert, sein Schiff zu verlassen, filmen Reiner Rosenfeld und ich, wie mehrere Männer auf Weisung eines Mitarbeiters der Spedition mehrere Minuten lang ohne Pause auf das Tier einschlagen. Doch das Tier kann nicht aufstehen, bleibt am Boden sitzen, schreit sich fast die Kehle aus dem Hals vor Qual.
Im Anschluß an diese Prügelorgie traktiert ein besonders routinierter Tierquäler das Rind über eine halbe Stunde lang mit einem Elektrostab. Wenn er den Elektrostab nur lange genug an die empfindlichen Hoden des Tieres halte, werde es schon aufstehen, meint er. Das versucht das Rind auch mehrmals, bricht aber immer wieder zusammen. Schließlich ist der Arbeiter erschöpft, das Tier in seinem Schmerz verstummt.
Wieder fordert uns der Kapitän zum Verlassen des Schiffes auf, wohl weil die Mißbilligung dieser Prozedur zu deutlich auf unseren Gesichtern zu lesen ist. In diesem Moment sind wir froh, nicht in dieses – hier alltägliche – Spektakel eingegriffen zu haben. Das wäre das Ende der

Abb. 3.7 Rind wird mit einer Seilwinde aus dem Schiff gehoben

Filmaufnahmen gewesen, und geändert hätte sich gar nichts. Denn die Geschichte vom Schicksal des Rindes ist noch lange nicht zu Ende:
Weil das geschundene Tier nicht mehr selbst aus dem Schiff laufen kann, wird ein Seil um seinen Vorderfuß gebunden. An einer Seilwinde wird es aus dem Schiffsbauch an Land gehievt. Das vordere Fußgelenk bricht unter dem hohen Gewicht *(Abb. 3.7)*. Wieder an Land, wird das Bullenkalb mit einem Gabelstapler zurück zum Stall im Hafen gezogen. Nur eine halbe Stunde später wird es mittels Gabelstapler wieder ins Schiff geschmissen, wie einige Rinder an diesem Tag. Der Grund: Die Spedition hat sich mit dem Kapitän über die Haftungsfrage geeinigt.
Bevor das Schiff ablegt, sehen wir noch, wie ein Arbeiter unserem Bullenkalb mit dem Zeigefinger ins Auge sticht. Das Auge blutet, läuft aus. Beiläufig erwähnt der Kapitän, er werde das Tier draußen auf hoher See sowieso über Bord schmeißen... Niemand – außer uns – regt sich über die Vorfälle an diesem Tag sonderlich auf. Für die Arbeiter, die wir fragen, ist es ein ganz normaler Tag. Wie mag es den Tieren wohl nach der fünftägigen Schiffsreise schließlich im Libanon ergehen?

Muß das sein?

Wieder einmal stellt sich die Frage: Warum lassen scheinbar zivilisierte Länder wie Deutschland zu, daß so etwas tagtäglich geschieht? Dürfen wir Tiere auf eine solche Reise schicken? Und warum müssen überhaupt lebende Tiere über solche Strecken hinweg transportiert werden? Weshalb kann man Tiere nicht nahe ihrem Heimatort schlachten und dann das Fleisch transportieren? Fragt man Politiker oder Spediteure, so mangelt es nicht an Antworten.
In diesem Land möchten die Verbraucher kein Fleisch aus jenem Land essen, die Schlachthöfe hier entsprechen nicht dem Standard dort, und so weiter. Die Antwort, daß es im internationalen Tierhandel eigentlich vorwiegend um Profit geht, kommt natürlich nicht. Und das, obwohl diese Begründung naheliegt. Der internationale Schlachttierhandel erscheint wie eine Verschieberei von Lebewesen, wenn man Import- und Exportzahlen vergleicht.
Ein Beispiel: Deutschland hat 1990 207790 Kälber eingeführt, 173251 ausgeführt. Das bedeutet: Je 100 Kälber importiert, 83 exportiert. Warum sollte so etwas Sinn machen, ginge es nicht schlußendlich um

den Profit? Der ist nämlich hoch. Ein Schlachtrind etwa kostet in Polen um die 1000 Mark. Verkauft der Tierhändler dasselbe Rind in Spanien, bringt es ihm bis zu 6000 Mark ein. Diese immense Gewinnspanne ist mit ein Grund für die Zunahme der Zahl internationaler Tiertransporte.
Ein Beispiel: Die Anzahl der aus Drittländern in die EG importierten Kälber ist von 1989 bis 1990 um 80% gestiegen. Allein Frankreich vermeldete ein Wachstum im Kälberimport von 539%. Insgesamt hat sich die Zahl der in die EG importierten Kälber seit 1986 fast verfünffacht. Deutschland war 1990 nach Holland der zweitgrößte Kälberimporteur, außerdem, ebenfalls nach Holland, der zweitgrößte Ferkelexporteur. (Zahlenquelle: Zentrale Markt- und Preisberichtstelle [ZMP], Bonn, und »Agra-Europe« Nr. 21/91.)
Wenn man bedenkt, daß die Mißstände im Tiertransport den Verantwortlichen vor fünf Jahren sicher nicht unbekannt waren, ist dies eine fatale Entwicklung. Als eines der großen Im- und Exportländer im Schlachttierbereich und als eines der bedeutendsten Durchfuhrländer sollte Deutschland wohl nicht nur auf die EG hoffen, wenn es um mehr Schutz bei Tiertransporten geht.
Denn mitunter sind EG-Subventionen die Gründe für Tiertransporte. Geld aus der europäischen Kasse gibt es zum Beispiel, wenn bestimmte Tiere aus der EG exportiert werden. So war das auch der Grund für Geflügeltransporte von Deutschland nach Polen. Wir haben einen dieser Transporte für den Film *»Keine Rechte für Tiere«* (ZDF 1991) begleitet *(Abb. 3.8)*.

Geflügeltransporte: Erstickungstod auf dem LKW

230 der etwa 250 Millionen Tiere, die jährlich europäische Grenzen überqueren, sind Geflügeltiere. Diese Transporte stellen eine der übelsten Tierquälereien unserer Tage dar. Millionen Tiere ersticken schon auf Transporten innerhalb Deutschlands jedes Jahr auf dem Weg vom Stall ins Schlachthaus *(Abb. 3.9)*.
Mit einem ZDF-Kamerateam habe ich einen mit 6000 Hennen beladenen LKW von Dresden bis mitten in Polen begleitet. Transportgrund laut Aussagen des Exporteurs: EG-Subventionen. Weil er Hühner aus dem EG-Gebiet ausführt, erhält er Geld aus Brüssel. Und das lohne sich, erklärte er. Für die Tiere allerdings ist der Preis zu hoch: Mehr als 24 Stunden müssen sie dafür in engen Kisten auf einem LKW zubringen. Im Sommer ersticken viele Hühner auf dem LKW, im

Abb. 3.8 6000 Hühner auf einem LKW

Abb. 3.9 Millionen Hühner verenden jedes Jahr auf dem Weg zum Schlachthaus

Winter wiederum erfrieren sie. Doch die Qual beginnt schon vor dem Transport:
Für 20000 der insgesamt 2 Millionen Hühner in der ostdeutschen Legebatterie ist der letzte Tag des Leidens angebrochen: Das Dauerlicht in der langen, fensterlosen Halle wird nach 15 Monaten ausgeschaltet. In den endlos scheinenden, mehrstöckigen Käfigreihen wird es still. Kurz darauf: ein Höllenlärm, Gackern, Schreie. Frauen in weißen Kitteln zerren die Hühner in der Dunkelheit aus den Käfigen, bringen je vier Tiere in den Vorraum der langen Halle. Dort werden sie in Transportkisten gestopft, etliche Flügel und Beine brechen dabei. Je zehn der federlosen, nach 15 Monaten Käfighaltung ausgelaugten Hühner werden in einen Plastikkäfig gepreßt. Der Transportbehälter ist etwas größer als eine Obstkiste *(Abb. 3.10)*. Sind fünf Kisten voll, werden sie übereinandergestapelt, und ein Arbeiter zieht sie aus dem Stall. Dort werden die Transportbehälter mit einem Gabelstapler auf den LKW verladen.
Wenn die Kisten aus dem Stall gezogen werden, dürfen die Hühner zum erstenmal in ihrem Leben die Sonne sehen. Sie kneifen die Augen zusammen nach 15 Monaten Leben im Kunstlicht. Ein Tierarzt

Abb. 3.10 Hühner werden in Transportkisten gestopft

hält uns ein apathisches, federloses Huhn mit gekürztem Schnabel und überlangen Krallen vor die Kamera. *»Dem Tier ist es gutgegangen, das hat hier seine 250 Eier gelegt.«* Wissen wir, aus den Informationen des Bundesministeriums für Ernährung, Landwirtschaft und Forsten vom 1. Juni 1992. Die Legeleistung konnte durch Zucht und spezielles Futter sogar von 255 Eiern je Henne (1990) auf 259 Eier pro Henne im Jahr 1991 gesteigert werden. Man sieht dem Tier an, daß ihm das Leben und Legen im Käfig Freude gemacht hat... *(Abb. 3.11)*.

Nach nur knapp zwei Stunden sind die 6000 federlosen Kreaturen auf den LKW verladen. Nicht alle werden lebend an ihrem Bestimmungsort – einem Geflügelschlachthof mitten in Polen – ankommen. Etliche Tiere ersticken bereits auf dem Weg zur deutsch-polnischen Grenze bei Frankfurt/Oder. Bei der Hitze an diesem Julitag nicht verwunderlich. Weil dieser LKW – so wie viele Geflügeltransporter – nicht für diesen Zweck gebaut wurde, hat er keine Möglichkeit zur Belüftung der Ladefläche. Die Folge: Viele Hühner in der Mitte der Ladung ersticken. Es wird Abend, bis der Transporter mit den 6000 Hühnern den Schlachtbetrieb in Polen erreicht. Der Fahrer koppelt seinen Auflieger ab, stellt ihn vor den Betrieb und geht duschen. Die Hühner bleiben über Nacht in den Kisten auf dem LKW.

Am nächsten Tag werden die Kisten vom LKW geladen, die Hühner aus den Kisten gezerrt und ans Schlachtband gehängt. Erst nach 26 Stunden werden die letzten Tiere vom LKW geholt. Entsprechend hoch ist die Zahl der »Federtoten«, wie man die auf dem Transport verendeten Tiere im Fachjargon nennt.

Schon innerhalb Deutschlands sterben nach einer Hochrechnung von mir jedes Jahr zwischen zwei und drei Millionen Geflügeltiere auf dem Weg vom Stall ins Schlachthaus. Nur 0,8% betrage bei ihm die Quote der sogenannten »Federtoten«, erklärte mir der Betreiber einer bayerischen Schlachterei. Diese Prozentzahl scheint niedrig, aber das täuscht: Bei den Schlachtzahlen dieses Betriebes bedeuten 0,8%, daß umgerechnet 60000 Tiere jedes Jahr bereits tot ankommen. Hochgerechnet bedeutet das, selbst wenn wir von einer Quote von nur 0,5 Prozent ausgehen, daß von den 311 Millionen im Jahr geschlachteten Geflügeltieren über zwei Millionen bereits tot am Schlachthaus ankommen (311 Millionen = ZMP-Schätzung).

Im internationalen Tiertransport sind Todesraten von 0,5 Prozent eher kleine Fische. Einige Fahrer haben uns von Mortalitätsraten bis zu 25% berichtet. Das wären dann bei einem LKW mit 6000 Hühnern

Abb. 3.11 Die Angst des Huhns nach dem Transport

1500 Tiere, die erstickt, verdurstet oder erfroren sind. Gewiß nicht die Regel, aber schlimm genug, daß so etwas immer wieder vorkommt. Und das alles, weil man Tiere anscheinend nicht in der Nähe ihres Herkunftsortes schlachten kann.

Daten und Fakten (1990)

- Die Bundesrepublik ist nach den Niederlanden der zweitgrößte Ferkelexporteur innerhalb der Europäischen Gemeinschaft.
- Die Bundesrepublik ist nach den Niederlanden der größte Kälberimporteur aus Drittländern in der Europäischen Gemeinschaft.
- Deutschland ist eines der bedeutendsten Durchfuhrländer für Tiertransporte auf der sogenannten »Westroute« (Beispiel: Polen–Spanien).
- Die Kälberimporte in die EG aus Drittländern sind von 1989 auf 1990 um 80 Prozent gestiegen. Die meisten Kälber kommen aus Polen *(Grafik 1, Seite 57)*.
- Im Zeitraum 1986 bis 1990 haben sich die Kälberimporte der EG aus Drittländern nahezu verfünffacht.
- Frankreich verzeichnet eine Steigerung des Kälberimports von 1989 auf 1990 um 539 %.
- Die Kälberimporte aus Drittländern nach Frankreich haben sich von 89 auf 90 mehr als verfünffacht. Auch für Deutschland ist dies von Bedeutung, weil sämtliche 76 675 Kälber aus Polen nach Frankreich importiert wurden. Das heißt, alle diese Tiere durchqueren Deutschland im Transit *(Grafik 2, Seite 59)*.
- Deutschland hat 1990 um 69 % mehr Kälber importiert als noch 1989.
- Deutschland hat 1990 207 790 Kälber eingeführt, 173 251 ausgeführt. Das bedeutet, 100 Kälber wurden importiert, 83 exportiert.
- Hinzu kommt, daß Deutschland 1990 um 69 % mehr Kälber eingeführt hat als noch 1989. (Für diese Lebendtiertransporte gibt es offenbar einen Grund: Profit durch das Hin- und Herschieben der Tiere.) *(Grafik 3, Seite 60)*

Grafik 1: Kälberimporte der EG aus Drittländern (1989/1990) sind um 80 % gestiegen. Seit 1986 haben sie sich fast verfünffacht.

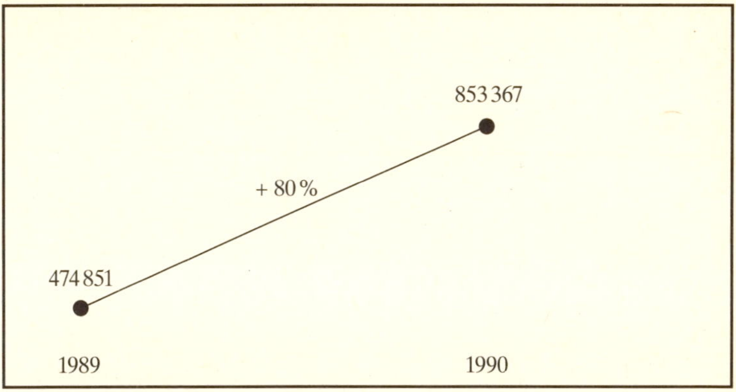

Die Kälberimporte der EG aus Drittländern sind von 1989 auf 1990 um 80 % gestiegen. Seit 1986 haben sich diese Importe fast verfünffacht.

Quelle: nach Zentrale Markt- und Preisberichtstelle (ZMP), Bonn

Tiertransporte im internationalen Luftverkehr

Schlachttiere werden im Flugzeug nur selten transportiert, dafür aber Millionen Nutztiere, Versuchstiere und Exoten. Von Anakonda bis Zebrafisch findet sich alles in den Frachträumen der Luftlinien. Wer nun glaubt, das Flugzeug sei für Tiere ein komfortables und schnelles Transportmittel, der irrt. Nicht selten bleiben sie bei Transporten von Kanada über Frankfurt nach Chile oder von Südafrika nach Tokio 60, 70 oder auch 80 Stunden ohne Versorgung.
Die Todesraten sind gewaltig: Von fünf exotischen Vögeln beispielsweise kommt statistisch gesehen nur einer lebend im Wohnzimmer irgendeines »Vogelliebhabers« in Europa oder den USA an. Angesichts des tausendfachen Leids auf internationalen Flughäfen stellen sich neben der Frage, wie die Tiere transportiert werden, auch Fragen wie: *Woher, wohin – wozu eigentlich? (Abb. 3.12)*

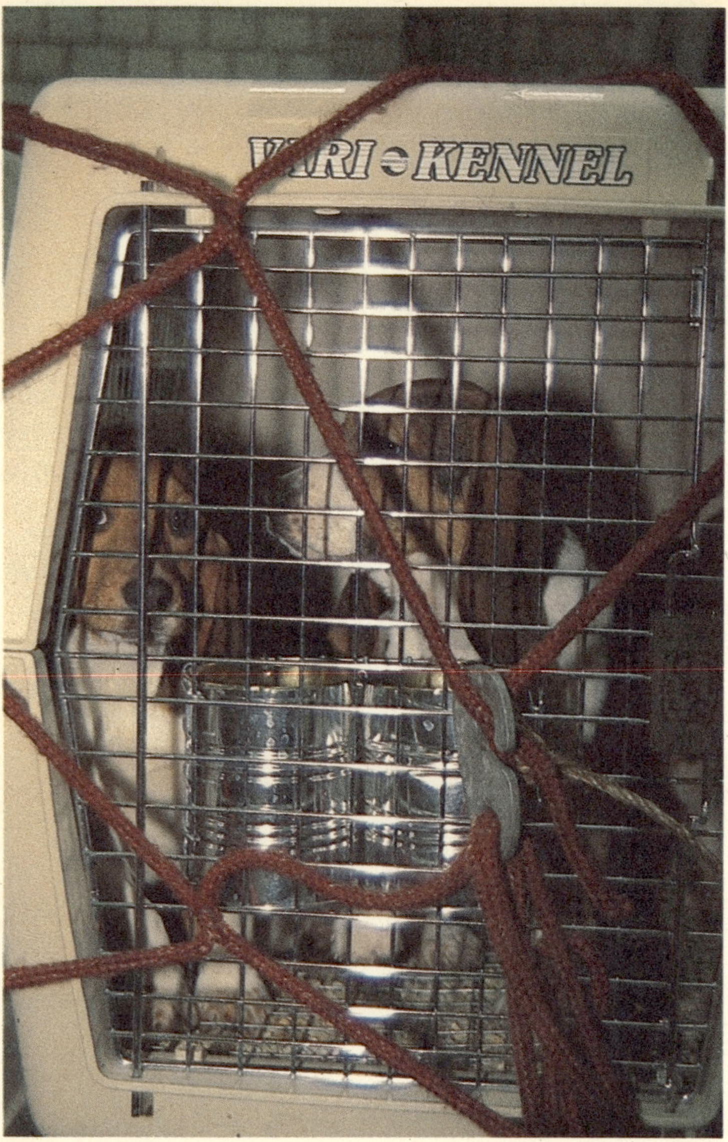

Abb. 3.12 Beagles aus den USA für Tierversuche in Deutschland

Grafik 2: Kälberimporte aus Drittländern nach Frankreich (1989/1990)

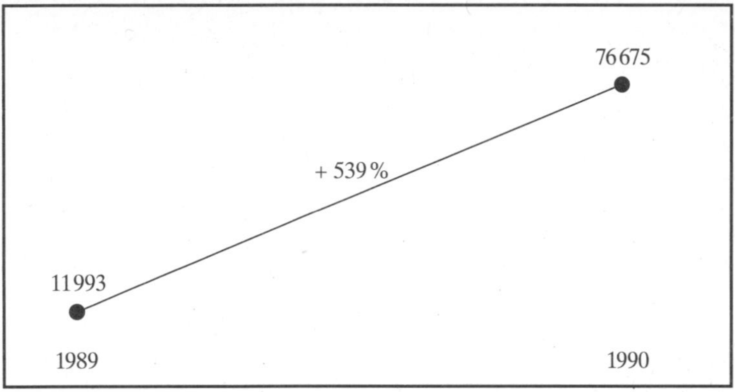

Die Kälberimporte aus Drittländern nach Frankreich haben sich von 1989 auf 1990 mehr als verfünffacht. Auch für Deutschland ist dies von Bedeutung, weil sämtliche 76675 Kälber aus Polen nach Frankreich importiert wurden. Das heißt, alle diese Tiere durchquerten Deutschland im Transit.

Quelle: nach Zentrale Markt- und Preisberichtstelle (ZMP), Bonn

Nutztiere

Frankfurt, Flughafen: In der Tierstation werden ungefähr 1700 Küken aus Flugtransportkisten entladen. Einige wenige leben noch. Maximal 3 Tage können Eintagsküken von ihrem Dottervorrat leben, dann müssen sie versorgt werden. Die 1700 Küken waren fast eine Woche lang unterwegs, sie sind verdurstet und verhungert. Eine Odyssee ging diesem tragischen Ende der Tiere voraus. Dr. Antje Timme, Tierärztin am Veterinäramt in Frankfurt, berichtet diesen Vorfall:

Im Frankfurter Flughafen trafen 24 Kisten mit 1700 Entenküken ein. Sie kamen aus England und sollten von Frankfurt aus nach Peking geflogen werden. Zwei Tage später bemerkte der Amtstierarzt, daß die gleiche Sendung in gleicher Verpackung wieder auf dem Frankfurter Flughafen stand. Die deutsche Flugtransportgesellschaft gab an, Peking habe die Einfuhr der Küken verweigert, da zusammen mit den Küken noch 400 Kaninchen im gleichen Flugzeug transportiert wurden. Nach chinesischer Auffassung waren die Küken deshalb tierschutzrechtlich nicht einfuhrfähig.

Der Amtstierarzt ordnete daraufhin den sofortigen Rückflug der Kü-

ken ins Ursprungsland England an. England verweigerte die Wiedereinfuhr der Küken. Nach englischer Auffassung sind Küken, die in China waren, tierseuchenrechtlich nicht mehr unbedenklich.
Die noch wenigen überlebenden Küken wurden in der Tierstation des Frankfurter Flughafens versorgt. Die deutsche Flugtransportgesellschaft (FTGes.) wurde verpflichtet, eine tierseuchenrechtliche Einfuhrgenehmigung für die toten und lebenden Küken zu beantragen. Nach Erteilung dieser Genehmigung waren alle Küken verendet *(Abb. 3.13)*.

Grafik 3: Ein- und Ausfuhren von Kälbern (Deutschland, 1990)

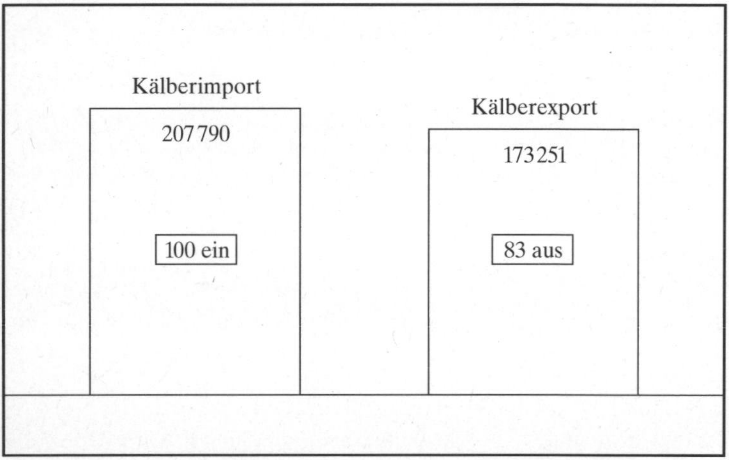

Deutschland hat 1990 207790 Kälber eingeführt, 173251 ausgeführt. Das bedeutet, daß im selben Zeitraum 100 Kälber ein- und 83 ausgeführt wurden. Hinzu kommt, daß Deutschland 1990 um 69% mehr Kälber eingeführt hat als noch 1989. (Für diese Lebendtiertransporte gibt es vor allem einen Grund: Profit durch das Hin- und Herschieben der Tiere.)
Quelle: nach Zentrale Markt- und Preisberichtstelle (ZMP), Bonn

Sicherlich ist das nicht die Regel bei Kükentransporten, aber auch kein Einzelfall bei den Millionen Küken, die jedes Jahr die Welt umkreisen. Von Kanada nach Deutschland, nach Saudi-Arabien, nach Chile. Das sind Strecken, auf denen es schon mal passiert, daß ein Anschlußflug wegen schlechten Wetters abgesagt werden muß oder die Tiere in einer Halle stehenbleiben, weil der Flugkapitän sie nicht

bb. 3.13 Küken sterben, wenn sie länger als drei Tage unterwegs sind

bb. 3.14 Wölfe in ungeeigneten Transportbehältern

mitnehmen möchte. *»Off load«* nennt man das im Fachausdruck, wenn Tiere nicht auf einen Anschlußflug mitgehen, sondern auf irgendeinem Flughafen in irgendeiner Halle stehenbleiben. Nicht selten ein Todesurteil, weil viele Tierarten nicht versorgt werden können oder die Möglichkeit auf dem Flughafen nicht besteht.

Wie viele Tiere im internationalen Luftverkehr ihr Leben lassen müssen, wird nur in manchen Ländern und für manche Tierarten erfaßt. In vielen Fällen wird die Zahl der Tiere von vornherein nicht erfaßt, sondern nur die Zahl der Sendungen. Eine Sendung wiederum kann aus einem Hund oder einer Kuh bestehen, zugleich aber auch aus 1000 Vögeln. Und das Gewicht (»Chargeable Weight« = zu berechnendes Gewicht) sagt schließlich auch nicht allzuviel über die Zahl und den Zustand der Tiere aus *(Abb. 3.14)*.

In der Tierstation des größten europäischen Frachtflughafens in Frankfurt ist ein Tierarzt des Veterinäramtes Frankfurt tagsüber mit der seuchen- und tierschutzrechtlichen Kontrolle der Import- und Transitsendungen betraut. Doch der Veterinär bekommt nur einen Bruchteil aller Flugtransportsendungen zu Gesicht. Die Tierärzte am Flughafen Frankfurt haben deshalb längst resigniert. Vierzig Sendungen kontrollieren sie pro *Monat*, bis zu 100 Sendungen fertigt allein die Lufthansa nach eigenen Angaben pro *Tag* ab. Die Tierärzte sehen nur jene Sendungen, die ihnen nach dem Tierseuchenrecht vorgestellt werden müssen. Das sind beispielsweise Pferde, die eingeführt werden, oder auch Affen, Hunde und Papageien. Finkenvögel, Fische und Reptilien beispielsweise werden vom Importeur direkt am Flughafen abgeholt und in einem Lieferwagen abtransportiert.

Ich habe etliche Wochen in der Tierstation des Frankfurter Flughafens verbringen können und dadurch einen Einblick in diese Problematik bekommen. Allein schon unter den Sendungen, die die Tierstation während dieser Zeit passiert haben, waren etliche Fälle, die man als Tierquälerei bezeichnen könnte – wie etwa überladene Transportkisten, verletzte und verhungerte Tiere.

Die Lufthansa, der größte Frachttransporteur der Welt, zeigte uns den Transport von teuren Rennpferden und Zuchtkühen. Der Transport der Rennpferde, von denen manche zwei Millionen Mark wert sind, verlief erwartungsgemäß problemlos. Auch beim Verladen von 200 Kühen in einen Jumbo-Jet gab es keine Schwierigkeiten. Für das Filmen hätte uns die Lufthansa wohl nicht kleinere Nutztiere, Versuchstiere und Exoten gezeigt, hätten wir nicht freundlicherweise von den Veterinärbehörden, der Frankfurter Flughafenbetriebsgesellschaft FAG, der Luftfracht-Umschlagsgesellschaft LUG und dem Zoll eine Genehmigung zum Aufenthalt in der Tierstation bekommen. In dieser Station werden Tiere vor der Abholung durch den Importeur eingelagert oder auch, wenn sie längere Zeit im Transit in Frankfurt stehen müssen. (Transit = Umladen in ein anderes Flugzeug zum Weitertransport.)

Versuchstiere

Flughafen Frankfurt – Tierstation am 3. Mai 1992:
Wieder stehen einige Paletten mit Versuchshunden in der Tierstation. 24 Hunde sind es, sie sehen aus wie Mischlinge von der Straße. Traurig sitzen sie in ihren Transportboxen, einer wedelt freudig mit dem Schwanz, als ich ihn anspreche. Aufstehen kann er genausowenig wie die anderen 23 Hunde. Weshalb, konnte mir niemand sagen. Vielleicht sind die Hunde voroperiert. Dieser Schluß liegt nahe, weil sie für Versuche bei einer deutschen Firma importiert werden. Der Bedarf an Versuchshunden ist offenbar enorm, erst eine Woche zuvor sind 190 Beagles von einer anderen Pharmafirma importiert worden.
Da 90 % aller Versuchstiere Mäuse und Ratten sind, kommen auch sie fast täglich in Frankfurt an. In geschlossenen Kartons, denn es sind standardisierte Tiere, steril verpackt. Tierärztin Dr. Antje Timme zeigt auf einen der weißen Kartons, etwa doppelt so groß wie eine Schuhschachtel: *»Hier drin sind zum Beispiel Versuchsmäuse aus Kalifornien für Frankfurt. Wie Sie sehen, kann man den Zustand der Tiere nicht überprüfen, ohne die Schachtel aufzumachen.«* Das allerdings veranlassen die Tierärzte selten. Nur bei dringendem Verdacht auf Tierquälerei darf eine Schachtel durch den Zoll geöffnet werden. Die Mäuse, die für den Importeur je 100 Mark kosten, sind damit nämlich wertlos, weil nicht mehr steril verpackt.
Nach den Erfahrungen der Tierärzte sind sie meist selbst die Dummen, wenn sich ein Verdacht auf Tierquälerei nicht bestätigt. Und selbst wenn die Tiere in der Schachtel tot sind, heißt das noch lange nicht, daß der Importeur bestraft wird. Das jedenfalls ist in den letzten Jahren nur selten geschehen. Die Justiz scheint vor dem Netz der angeblich Nicht-Verantwortlichen wie Exporteure, Luftlinien und Importeure kapituliert zu haben.
Am 3. 5. 92 nun stehen einige Kartons Meerschweinchen in einem der gekachelten Räume in der Tierstation. Sie kommen aus New York, sind für ein deutsches Versuchslabor bestimmt. Weil die Tiere seit

etwa 45 Stunden unterwegs sind, besteht für die Tierärztin Dr. Antje Timme der Verdacht, daß die Meerschweinchen in fragwürdigem Zustand sind. Sie ruft einen Zollbeamten, drei Kartons werden geöffnet *(Abb. 3.15)*.

In einem Karton bietet sich ein schlimmes Bild: Fünf Meerschweinchen nagen an drei toten. In den anderen beiden Kartons leben die Tiere – noch. Mehrere Stunden stehen die Meerschweinchen in Frankfurt, schließlich trifft ein Fahrer ein, der sie abholen soll. Auf die Frage der Tierärztin, warum er so spät komme, antwortet er: »Ich weiß nichts, bin nur der Fahrer und handle im Auftrag.« Die Tierärztin läßt die Kartons in den Lieferwagen des Fahrers laden, um nicht noch mehr Zeit zu verlieren. Der Lieferwagen hat nämlich, so stellt sich heraus, noch 200 Kilometer durch Deutschland vor sich. Und das nachmittags um vier auf den Autobahnen um Frankfurt, die für die Länge ihrer Staus bekannt sind *(Abb. 3.16)*.

Es stehen an diesem Tag noch mehr Sendungen mit geschlossenen Kartons in den Tierräumen. So etwa Frösche aus Südafrika mit Ziel Tokio/Japan. Wer könnte sagen, in welchem Zustand diese Frösche sind? Bei Versuchskatzen ist das leichter einzuschätzen. Wenn sie noch leben, jaulen sie, weil sie vermutlich Angst haben im geschlossenen, dunklen Transportbehälter.

Neben Hunden, Nagetieren und Reptilien treffen auch immer wieder Versuchsaffen in Frankfurt ein. Hauptsächlich sogenannte Makaken. Sie kommen in Holzkisten aus China. Nur durch einen kleinen, doppelt vergitterten Schlitz können die Tiere aus den Kisten schauen.

Ausgewiesene Fachleute haben sich die Herkunftsorte solcher Affen in Hongkong angeschaut – und waren erschüttert. In schmutzigen Baracken müssen diese Affen ihr Leben zubringen, ehe sie zum Flughafen gefahren werden. Die Pharmafirmen, die diese Tiere importieren, wissen das vermutlich. Doch wen kümmert's: Die Affen müssen sowieso bei Experimenten früher oder später ihr Leben lassen.

Während sich die Tierärzte diese Affenimporte wenigstens anschauen können, ist das bei jenen, die Frankfurt im Transit passieren, nur sehr schwer möglich. Allein 7000 Affen aus Indonesien durchlaufen den Flughafen pro Jahr im Transit. Ziel: ein multinationaler Handelskonzern für Versuchstiere in den USA. Aus seuchenrechtlichen Gründen werden diese Affen bis zum Umladen in ein anderes Flugzeug nicht in der Tierstation eingelagert, sondern in einer Halle auf dem Vorfeld. Natürlich hat man uns von der Firma, die diese Affen

Abb. 3.15 Halbverhungerte Meerschweinchen

Abb. 3.16 »Live Animals«? – Niemand sieht in die Versandschachteln

transportiert, nichts von deren Existenz erzählt. (*»Nein, kein Tier bleibt auf dem Vorfeld draußen.«*) Erst durch den Streik im öffentlichen Dienst im Sommer 92 haben wir von diesen 7000 Affen erfahren. Zu dieser Zeit nämlich mußte die wöchentliche Sendung von 70 Tieren aufgrund des Streiks in München landen und mit einem LKW nach Frankfurt transportiert werden.

Ein trauriges Bild bot sich uns an: drei Paletten voll mit armseligen Holzkisten. Drinnen: Vorwiegend junge Makakenaffen, die Klagelaute ausstoßen, weil sie Angst – und vielleicht Heimweh nach ihrer Mutter – haben. In eine Ecke gekauert sitzt jedes Tier in einem kleinen Holzverschlag, der durch ausgesprochen scharfkantige (leere) Futterbehälter noch enger wird. Je vier Affen sind in einer länglichen Holzkiste untergebracht, durch Trennwände voreinander geschützt. Das heißt, sofern diese dünnen Trennwände nicht herausgebrochen sind, was in einigen Kisten der Fall war.

Noch vor zwei Jahren seien je vier Affen in einer Kiste ohne Trennwände transportiert worden, sagte uns ein Fachmann. Die Verluste beim Flugtransport seien dadurch sehr hoch gewesen, weil sich die Affen in den Kisten mitunter gegenseitig getötet hätten.

Seit Jahrzehnten werden jedes Jahr Tausende von Versuchsaffen in Flugzeugen transportiert. Ein Rückgang ist nicht zu erwarten: Die Zahl der Experimente mit Affen ist auch in Deutschland in den letzten Jahren angestiegen. Weil wir wissen wollten, wie es den Affen in Indonesien vor dem Flugtransport ergeht, haben wir zwei Monate in der Hauptstadt Jakarta und auf den Inseln Java und Sumatra nachgeforscht:

Es stellte sich heraus, daß die meisten Affen noch immer in den Wäldern gefangen werden. Das sogenannte *»Captive Breeding«*, bei dem Affen auf Inseln ausgesetzt werden, die Nachzucht dann wieder eingefangen wird, spielt noch eine untergeordnete Rolle. Um wilde Makakenaffen zu fangen, gibt es verschiedene Methoden: Entweder werden nachts Netze über die Schlafbäume geworfen, oder es werden Fallen gebaut, etwa das sogenannte »Affenhaus«. Dabei werden die Affen mit Früchten in einen mehrere Meter großen Holzkäfig gelockt. Seltener ist die »Schnappfalle«, ein schweres Holzgitter, das den Affen auf den Kopf fällt und sie schwer verletzt.

Der Leiter eines bedeutenden Primatenforschungszentrums hat für uns folgende Todesraten berechnet und teilweise aufgrund von mehrjährigrer Erfahrung geschätzt:

Abb. 3.17 Gefangener Affe

1. Fang und Bodentransport: Ca. 5%.
2. Haltung bei den Fängern: Ca. 20%.
3. Quarantäne bei den Händlern: Ca. 10–15%.

Gesamt: 35–40%.

Nach dieser Schätzung überleben beim derzeit üblichen Fang- und Transportsystem etwa 4 von 10 Affen die Zeit vor dem Verladen ins Flugzeug nicht.

Exotische Tiere

Flughafen Los Angeles, USA, 1991: Ein Flugzeug der Garuda-Airline aus Indonesien entlädt den Frachtraum. Neben Elektroartikeln, Fahrzeugersatzteilen und sonstigen Gütern befinden sich in den Stauräumen auch Kisten mit 10000 Papageien, Kakadus und anderen exotischen Vögeln aus Indonesien. Über 1000 davon sind tot. Nach diesem Vorfall erklären die IATA-Luftlinien erneut, man werde keine exotischen Vögel mehr transportieren. Immer wieder hatten die Massen transporttoter exotischer Vögel aus Senegal, Kamerun und Argentinien die Tierschützer in Europa und den USA zu schärfsten Protesten veranlaßt.

Als erste Luftlinie erklärte sich die Lufthansa bereit, keine exotischen Vögel mehr zu transportieren. Dieses Embargo betrifft nur *wildgefangene* exotische Vögel, wohlgemerkt. Wie man denn feststellen könne, ob die Vögel wildgefangen seien, fragte ich die Pressestelle der Luftlinie im Frühjahr 1992. Man kenne schließlich die Agenten, die die Tiere anliefern, erklärte die Pressestelle. Unsere Ermittlungen haben aber ergeben: Ob wissentlich oder nicht – viele Fluglinien, die behaupten, das nicht mehr zu tun, transportieren vermutlich wildgefangene Vögel.

Einige Beispiele dazu vom Flughafen Frankfurt: Fast jede Woche treffen Wellensittiche aus Pakistan ein. Mit ihnen: einige Kisten Finkenvögel. Die Tiere sind für Deutschland bestimmt. Während die Wellensittiche eine Einfuhrgenehmigung brauchen, werden Finkenvögel beim Import nach Deutschland noch nicht einmal zahlenmäßig erfaßt. Wir waren in Pakistan: Die Finkenvögel, die die Lufthansa transportiert, sind nach Aussagen von Händlern in Pakistan zum Teil wildgefangen *(Abb. 3.18)*.

Genehmigungen für über 100000 Vögel hat das zuständige Hess. Min. für Jugend, Familie und Gesundheit allein 1992 zur Einfuhr von sogenannten Psittaciden (Papageien, Kakadus, Sittiche) erteilt. Obwohl

Abb. 3.18 Wellensittiche aus Pakistan

jedermann inzwischen weiß, daß diese Tiere in Ländern wie Senegal, Kamerun oder Argentinien aus den Bäumen geholt werden, heißt es in den Genehmigungen nur lapidar:

> Importgenehmigung
> »Wir genehmigen Ihnen die Einfuhr von 6000 Psittaciden aus verschiedenen Ländern, außer Bolivien.«

Einige Beispiele dafür, woher die Vögel kommen, die in Frankfurt landen, um in Deutschland in den Handel zu gehen, und auch, wer sie transportiert.

9.2.92	100	Graupapageien aus Senegal mit Iberia
9.2.92	1000	Papageien aus dem Senegal mit South African Airlines
23.2.92	50	Papageien aus Tansania mit Egypt Air
8.3.92	300	Papageien aus Senegal mit SAS
8.3.92	350	Papageien aus Argentinien mit SAS
27.3.92	600	Mohrenkopfpapageien aus Senegal mit Air Algerie.

Dieser kurze, unvollständige Überblick über die Einfuhren von Papageien am Frankfurter Flughafen müßte genügen, um Zweifel an der Behauptung zu wecken, es würden keine wildgefangenen Psittaciden mehr transportiert. Einige dieser Fluglinien, etwa Air Algerie und Egypt Air, sind dem Embargo gegen Wildvogeltransport zum Ende 1991 beigetreten.

Doch wie man sieht, halten sich manche Airlines nicht immer an das Abkommen. Wirtschaftliche Interessen werden wieder einmal dem Tierschutz vorangestellt. Und die Tierschützer in aller Welt protestieren zu Recht gegen den Transport von Millionen Vögeln jedes Jahr. Die *Environmental Investigation Agency* (EIA) in London hat in Zusammenarbeit mit dem deutschen Komitee gegen den Vogelmord in den Export- und Importländern Zahlen gesammelt. Diese Zahlen belegen, daß tatsächlich nur einer von fünf Vögeln schlußendlich den Weg aus dem Wald ins Wohnzimmer überlebt. Für Senegal beispielsweise hat die EIA eine Todesrate von 50 % allein für den Fang und die Zeit bis zum Export errechnet. Selbstverständlich sind dies Durchschnittswerte.

Mitunter sterben auch einmal 80 % der Tiere nur durch den Transport. Ursachen für solche Vorfälle gibt es viele. Manchmal hapert es nur an der Kommunikation zwischen Luftlinie und Importeur. Das ist besonders dann verhängnisvoll, wenn es zu *OFF-LOAD* kommt. Ein Importeur aus Düsseldorf:

»Kürzlich gab es Off-Load. Eine Fluggesellschaft hat unsere Sittiche wegen einer Bombendrohung in Acca stehenlassen. Es kam ein Telex: Die Tiere sind in Acca im Zoo. Wir haben dann dort angerufen, und es hat sich herausgestellt, daß Acca überhaupt keinen Zoo hat. Ins Ursprungsland zurückgeflogen wurden die Tiere auch nicht, obwohl der nächste Flug dorthin nach nur sechs Stunden gegangen wäre. Ein Teil der Tiere hat überlebt, die meisten waren tot.«

Nicht erfaßt werden können all jene Fälle, in denen die Tiere beim einzelnen Käufer sterben, weil die nötige Sachkunde fehlt oder die Sorgfalt bei der Pflege exotischer Vögel. Weiß wirklich jeder, der sich beispielsweise einen Feuerfinken kauft, daß diese Vögel keine Körner, sondern Mehlwürmer fressen? Ich habe im Alter von 12 fünf dieser Tiere geschenkt bekommen, sie sind elend verhungert, obwohl ich sie reichlich gefüttert habe ...

Beim Flugtransport von Fischen sind die Todesraten nicht ganz so hoch wie bei Vögeln. Aber immer noch zu hoch, wie die Aussage einer Münchener Zollbeamtin bestätigt:

»Von den exotischen Fischen, die hier in München nach einer vorherigen Zwischenlandung in Frankfurt ankommen, sind in der Regel 20% tot.«
Die Importeure der Zierfische bestätigen diese Aussage zum Teil. Die Schuld geben sie den Luftlinien: *»Die Tiere stehen viel zu lange auf den Flughäfen, die Abfertigung und der Weitertransport sind zu langsam«*, erklärte ein Großhändler aus dem Allgäu, der regelmäßig Fische aus Afrika importiert.
Fische werden in Plastikbeuteln transportiert, die etwa halb voll mit Wasser sind. Je ein Beutel wird in Styropor verpackt, die Styroporpackungen wiederum in einer Schachtel gestapelt. Bei Fischen ist die Überlebenszeit auf Transporten noch kürzer als bei Küken. Binnen zwei Tagen müssen Fische ihr Ziel erreichen, sonst ersticken sie in den Plastikbeuteln an ihren eigenen Ausscheidungen.
Ein Importeur: *»Kürzlich sollten Zierfische aus Malawi (unterhalb von Tansania und Kongo) ankommen. Der British-Airways-Flug sollte die Tiere über London nach München bringen. Etwa 8–10 Stunden waren die Fische schon unterwegs, bis sie am Flughafen in Malawi in den Flieger geladen wurden. Normalerweise dauert der Transport insgesamt 30 Stunden. Diesmal war er länger: Die Transitzeit in London war zu kurz, es kam zu Off-Load. (Tiere sind nicht umgeladen worden.) Wir haben in München am Flughafen danach gesucht. Irgendwann kam dann ein Anruf von British Airways, die Tiere stünden in London. Wir dachten, die seien alle tot. Nur weil der Exporteur sorgfältig gepackt hatte, haben 80% überlebt.«*
Auch beim Transport von Fischen ist zu kritisieren, daß oft nicht einmal die Kommunikation zwischen Fluglinie und Importeur funktioniert. Und – wie zuvor schon bei Versuchstiertransporten – es ist äußerst fragwürdig, wenn Sendungen mit lebenden Tieren nicht generell leicht einsehbar sind. Nur so ist es wohl zu erklären, daß die bisher größte Heroinschmuggelsendung am Frankfurter Flughafen ausgerechnet in einem Karton mit Fischen gefunden wurde.
Reptilien werden ebenfalls in Kartons verschickt, die nur sehr selten kontrolliert werden. Wer wollte einem Zollbeamten verübeln, wenn er einen Karton mit der Aufschrift »Giftschlangen« nicht öffnet? Genauso ungern öffnen die Tierärzte solche Sendungen. In der Regel verlassen sich alle auf die Inhaltsbeschreibung. Ob die Spinnen, Schlangen und Echsen im Inneren der Schachtel noch leben, kann man je nach Transportdauer nur vermuten. Ebenso kann man hoffen, daß in einer solchen Schachtel wirklich die aufgelisteten Tiere drin

sind. Es könnten ebensogut streng artengeschützte Tiere sein. Merken würde es niemand, denn Reptilien kann der Importeur direkt an der Cargo (= Fracht-Halle) abholen. Zwar sind Reptilien in der Regel widerstandsfähig, doch auch für sie gibt es natürlich einen »point of no return«, wie man in der Fachsprache das Transportlimit für bestimmte Tierarten nennt.

Post- und Bahntransport

Und bei allen Zeiten, die zum Flugtransport berechnet werden, ist nicht zu vergessen, daß alle Tiere, egal ob Nutztiere, Versuchstiere, Exoten oder auch Pelztiere, nach dem Flug noch einen Straßentransport vor sich haben. Und manches Tier muß sogar noch einen weiteren Transport vom Großhändler zum Einzelhandel oder direkt zum Kunden erdulden. Erstaunlich viele Tiere erreichen den Endabnehmer schließlich per Post- und/oder Bahntransport. Diese Art des Versandes von lebenden Tieren wird von den Tierschutzverbänden abgelehnt. Ein Grund ist natürlich die Angst der Tiere in den teilweise dunklen Behältnissen, ein zweiter Grund liegt darin, daß Postpakete

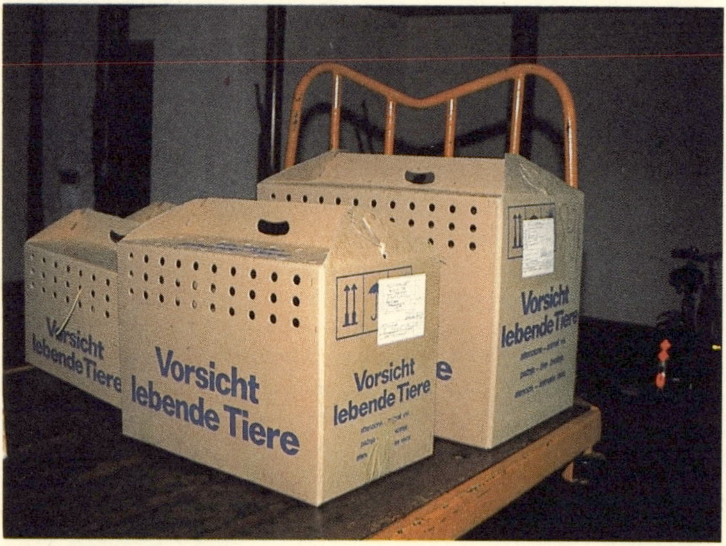

Abb. 3.19 Bahntransport von Hunden

wegen des Postgeheimnisses nur in ganz wenigen Ausnahmefällen geöffnet und kontrolliert werden dürfen. Weil das Risiko für das Leben der Tiere hoch ist, verschicken zum Beispiel etliche Zoohandlungen ihre Tiere »ohne Haftung«. Kommentar aus einem Tierversuchslabor: *»Wir bekommen jetzt unsere Mäuse und Ratten mit dem Auto. Vorher gab es immer Ausfälle, weil die Tiere am Bahnhof rumgestanden haben.«* Auch Wolfgang Apel, Bundesgeschäftsführer des Deutschen Tierschutzbundes, hat Erfahrungen mit dem Postversand von Tieren gemacht: Er nahm einen Cockerspaniel auf, nachdem dieser 36 Stunden vergeblich am Postamt Bremen auf sein neues Herrchen gewartet hatte. So etwas wäre einfach zu vermeiden, würde Bonn endlich den Postversand von lebenden Tieren verbieten *(Abb. 3.19)*.

Was können wir tun?

Das Thema Tiertransporte ist sehr eng verknüpft mit allen anderen in diesem Buch aufgezeigten Tierschutzbereichen. Daraus wird klar, daß es keine eigenen Regeln gibt, wie man Tieren auf ihren Transportwegen helfen kann.
Allein über die Zahl der Tiere, die der Verbraucher direkt oder indirekt bezieht, kann er Einfluß auf das Transportgeschehen nehmen. Prinzipiell gilt hier:

- Massentierhaltung und Schlachten:
  Jeder muß wissen, wieviel Fleisch er angesichts der in diesem Buch aufgezeigten Problematik essen will.
- Pharmazeutische und kosmetische Industrie (Tierversuche):
  Jeder einzelne muß wissen, ob er, unabhängig von der Problematik der Tierversuche selbst, Artikel konsumieren möchte, für deren Erprobung Tiere in der ganzen Welt zusammengekauft, international verschickt und schließlich getötet werden.
- Heimtierhandel:
  Jeder von uns muß wissen, ob er ein Tier kaufen möchte, dessen Artgenossen zu Tausenden auf dem Weg in die Zoogeschäfte verendet sind, oder ob er nicht genausoviel Freude an einem vielleicht weniger exotischen Tier haben kann, das in seiner unmittelbaren Nähe gezüchtet wurde.

Vorschriften zum Transport von Tieren

Internationale Tiertransporte

1. Nationale Vorschriften und Regelungen

a) Tierschutzgesetz
§ 2: allgemeine Anforderungen an die Unterbringung von Tieren

b) Verordnung zum Schutz von Tieren beim grenzüberschreitenden Transport

c) Gutachten über den tierschutzgerechten Transport
- von Tieren
- von Tieren auf dem Luftwege
- von Tieren auf dem Seewege

2. Europäische Gemeinschaft

Zwei Richtlinien über den Schutz von Tieren beim internationalen Transport (ab 1.1.1993 tritt eine neue, umfassende EG-Richtlinie zum Schutz von Tieren beim Transport in Kraft).

3. Europarat

a) Europäisches Übereinkommen über den Schutz von Tieren beim internationalen Transport

b) Empfehlungen für den Transport von
- Pferden
- Schweinen
- Rindern
- Schafen und Ziegen
- Geflügel

Innerstaatliche Transporte

1. Nationale Vorschriften und Regelungen

a) Tierschutzgesetz
§ 2: allgemeine Anforderungen an die Unterbringung von Tieren;

b) Verordnung über den Schutz von Tieren bei der Beförderung in Behältnissen (alle Tiere außer Pferde, Rinder, Schweine, Schafe und Ziegen);

c) Gutachten über den tierschutzgerechten Transport von Tieren.

2. Europäische Gemeinschaft

Die ab 1.1.93 in Kraft tretende EG-Richtlinie zum Schutz von Tieren beim Transport wird sich auch auf rein innerstaatliche Transporte erstrecken.

3. Europarat
Die unter 1.3 genannten Empfehlungen (internationaler Transport) gelten auch für innerstaatliche Transporte.

4. Schlachthöfe: Töten im Akkord

4600000 Tonnen Fleisch essen die Menschen in der Bundesrepublik jedes Jahr. 310000 Tonnen Geflügelfleisch noch gar nicht eingerechnet. Ein gigantischer Fleischberg: Allein 40 Millionen Schweine, 5 Millionen Rinder und 700000 Kälber müssen dafür jahraus, jahrein sterben.
Die Tiere werden unter Zeitdruck geschlachtet. Nicht das einzelne Tier zählt, sondern die Zahl der Schlachtungen in der Stunde. Unter Zeitdruck verlädt und treibt man die Tiere. Betäubt und getötet werden sie im Akkord. Vermeidbare Tierquälereien sind bei dieser Arbeitsweise in vielen Fleischfabriken an der Tagesordnung. Unser Tierschutzgesetz, das die Schlachttiere vor Schmerzen und Leiden bewahren soll, erweist sich in der täglichen Hektik der Schlachtbetriebe als oberflächlich und praxisfremd.

Schweineschlachtung

Montag morgen sechs Uhr, in einem deutschen Schlachthof: Seit knapp einer Stunde werden Schweine geschlachtet. Hundertzwanzig sind es bisher, alle dreißig Sekunden stirbt ein Schwein. Etwa vierhundert Schweine sitzen oder liegen noch in den Gitterbuchten neben dem eigentlichen Schlachtbereich. Einige atmen schwer, liegen erschöpft auf dem kalten Betonboden. Diese Tiere werden verenden, ehe der Schlächter sie zu Gesicht bekommt. Nichts Ungewöhnliches: 400000 Schweine kommen allein in Westdeutschland jedes Jahr bereits tot auf den Schlachthöfen an. Nach einem dreimonatigen »Leben« im Dunkelstall sind sie dem Streß von Transport und Treiben nicht gewachsen: Ihr Herz versagt. Qualzüchtung auf viel Fleisch und bewegungslose Haltung sind die Ursachen. Manches Schwein, das den Transport überlebt hat, kann sich nur noch mit den Vorderbeinen durch die Gänge im Schlachthof schleppen. Solche gehunfähigen Schweine ziehen die Arbeiter meistens an den Ohren in die Schlachthalle *(Abb. 4.1)*.
Die anderen Tiere werden gruppenweise zur Schlachtung getrieben. Weil sie durch die Hektik, den Maschinenlärm und den Gestank nach Fett und Blut nervös sind, laufen sie meist nicht freiwillig in die ge-

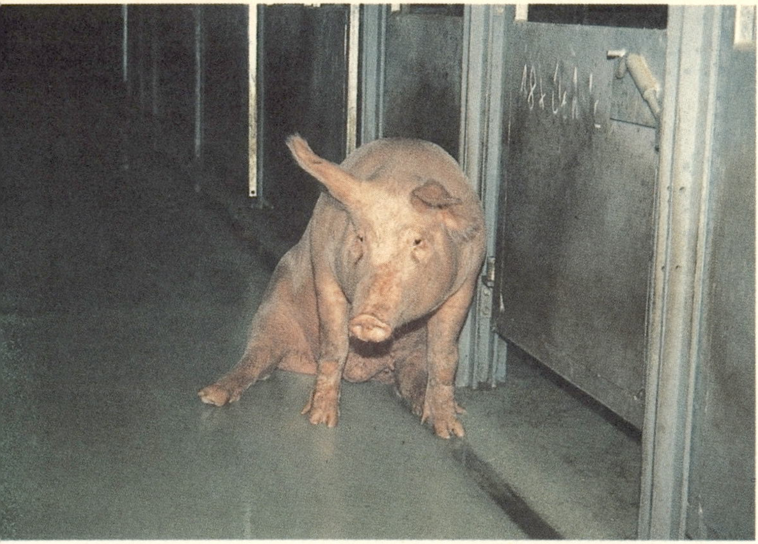

Abb. 4.1 Gehunfähiges Schwein. Eine Folge von Zucht und Haltung

Abb. 4.2 Schweine in der Betäubungsbucht

wünschte Richtung. Stockschläge und Fußtritte sind dann oft ein probates Mittel, um die Tiere in die Schlachthalle zu zwingen. In der Schlachthalle werden je 7–10 Schweine in eine Betäubungsbucht getrieben. Denn so will es das Gesetz *(Kasten)*.

Tierschutzgesetz § 4 a (1)
»Ein warmblütiges Tier darf nur geschlachtet werden, wenn es vor Beginn des Blutentzugs betäubt worden ist.«

Betäubung mit der Elektrozange

Schweine betäubt man meist mit elektrischem Strom. In den Betrieben verwendet man dazu eine Stromzange von der Größe einer Heckenschere. In der Betäubungsbucht rennen etwa sieben bis zehn Schweine durcheinander. Dazwischen steht ein Arbeiter mit der Stromzange. Damit packt er den Hals eines Schweines. Das Tier erstarrt förmlich, wenn der Strom durch seinen Körper fließt *(Abb. 4.2; 4.3)*.
Lange genug und an den richtigen Stellen am Kopf oder Hals des Schweines angelegt, betäubt der Strom das Tier für etwa 30 Sekunden. Während dieser Zeit muß es getötet werden. An einer Kette um den Hinterfuß wird es aus der Betäubungsbucht über ein sogenanntes Entblutebecken gezogen. Hängt es neben seinen Artgenossen am Fließband, sticht ein Arbeiter mit einem Messer in die Brust des Schweines. Dadurch werden die großen Halsblutgefäße geöffnet. Das Tier stirbt, indem es ausblutet *(Abb. 4.4)*.
Die Schweine in der Betäubungsbucht müssen zuschauen, wenn ihre Artgenossen nacheinander geschlachtet werden. Ob Tiere eine solche Situation verstandesmäßig erfassen, ist umstritten. Vielleicht unwichtig. Angst wird schließlich nicht gedacht, sondern gefühlt. Und nur allzu oft erfaßt die Schweine in der Betäubungsbucht panische Angst. Mit harten Fußtritten muß der Betäuber manches Tier in eine Position bringen, die ihm ein Anlegen der Zange ermöglicht. Weil er im Akkord arbeitet, legt er die Zange oft zu kurz oder an falschen Körperstellen an. Die Schweine erstarren dann zwar und fallen um, wachen aber schon vor dem Entblutungsschnitt wieder auf und zappeln und schreien, sobald sie am Fließband hängen.
In einigen Schlachthöfen betäubt man noch immer mit sogenannter Niedervoltspannung, das bedeutet, mit 70 bis 90 Volt. 30 bis 40 Sekunden müßte die Zange zupacken, um ein Schwein wirklich zu be-

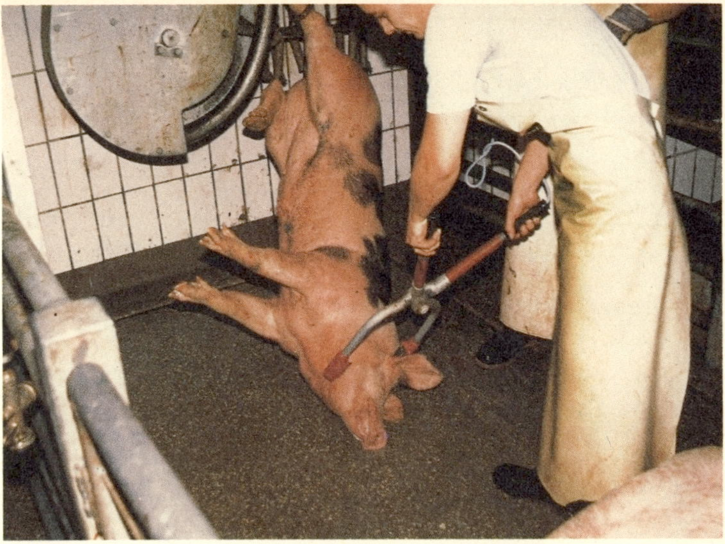

Abb. 4.3 Schweine werden mit elektrischem Strom betäubt

täuben, so heißt es in dem Buch »*Das Fachwissen des fortschrittlichen Fleischers*«. Die Praxis sieht anders aus. Wie lange der Betäuber – der in der Regel nur ein angelernter Arbeiter ist – die Zange am Tier anlegt, ist genausowenig vorgeschrieben und überwacht wie die Stromstärke.

Dr. Klaus Drawer, Tierarzt in Herne und Fachmann auf dem Gebiet der elektrischen Betäubung: »*Damit das Schwein bewußtlos ist, muß ein epileptiformer Anfall ausgelöst werden, aus Tierschutzgründen innerhalb einer Sekunde. Dazu ist eine Stromstärke von mindestens 1,25 Ampere nötig, die nur bei einer Spannung von mindestens 250 Volt erreicht werden kann. 70 Volt bei nur 5 oder 10 Sekunden Betäubungszeit reichen für die erforderliche tiefe Bewußtlosigkeit nicht aus.*«

Manche Betriebe betäuben Schweine inzwischen einzeln in einer Falle, um solche Fehlbetäubungen zu vermeiden. Eine rote Lampe oder ein Hupton signalisieren dem Betäuber, wann er die Zange lange genug angelegt hat. Leider sind solche Anlagen noch die Ausnahme:

»*Wenn wir die Spannung an der Zange erhöhen würden, gefährden wir*

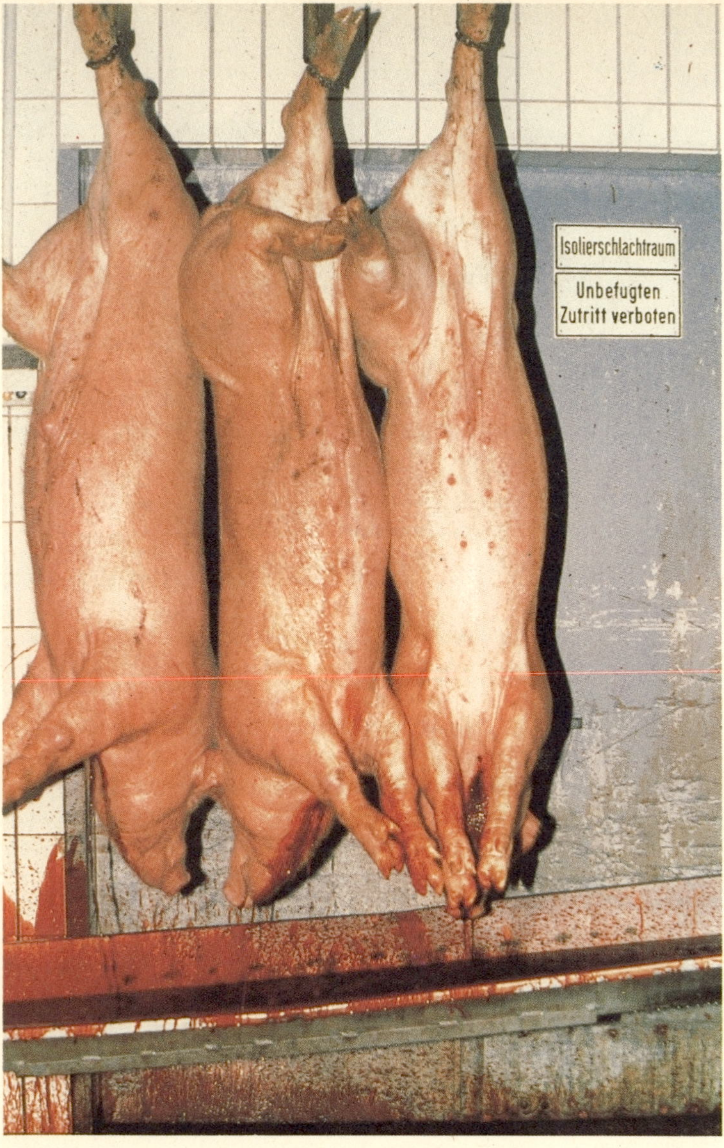

Abb. 4.4 Schweine sterben durch Ausbluten am Fließband

den Betäuber bei diesem Durcheinander in der Bucht. Die Schweine müßten nacheinander in einer Falle betäubt werden, und das geht zu langsam«, erklärt mir der Tierarzt in dem Schlachthof, dessen Tagesablauf wir uns hier immer wieder als Beispiel ansehen.

Hochvoltanlagen: 700 Schweine pro Stunde

Der Trend zur Rationalisierung hat in den siebziger Jahren zur Entwicklung vollautomatischer Betäubungsanlagen geführt. Die etwa 200000 Mark teuren Anlagen sind in Deutschland sehr selten. In diesen sogenannten »Hochvoltrestrainern« werden die Schweine auf einem Fließband sitzend mit dem Kopf an zwei herabhängende 500-Volt-Bügel herangeführt.
Eine solche Hochvoltanlage kann bis zu 700 Schweine in der Stunde betäuben. Pannen gibt es trotz Automatisierung, wenn der beteiligte Mensch nicht aufpaßt oder die Technik versagt. Kleine Schweine beispielsweise werden von den herabhängenden Elektroden im Betäubungstunnel nicht immer erfaßt. Wenn der Arbeiter am Ende des Fließbandes diese Tiere nicht mit einer Elektrozange nachbetäubt, wird das Schwein bei vollem Bewußtsein ans Fließband gehängt.

Atemnot in der Gasgrube

Seit 1952 betäuben einige wenige Betriebe die Schweine nicht mehr mit Strom, sondern mit Gas. Während manche EG-Länder diese Methode favorisieren, konnte sie sich in Deutschland nicht durchsetzen. Bei dieser Betäubungsmethode werden die Tiere wie in einem Paternoster durch eine Grube mit CO_2-Gas gehievt. Weil die Schweine in der Gasgrube mitunter armdicke Eisenrohre verbiegen, gehen Kritiker davon aus, daß die Tiere im Kohlendioxid-Gas unter starker Atemnot leiden.

Abstechen ist Handarbeit

Das Bestreben, immer mehr Tiere in immer kürzerer Zeit zu schlachten, ist nicht neu. Schon 1870 hängte man erstmals Schweine ans Fließband, um sie rascher töten und zerlegen zu können. Das war in Cincinnati/USA, wo das Fließband damals eigens zu diesem Zweck erfunden wurde.

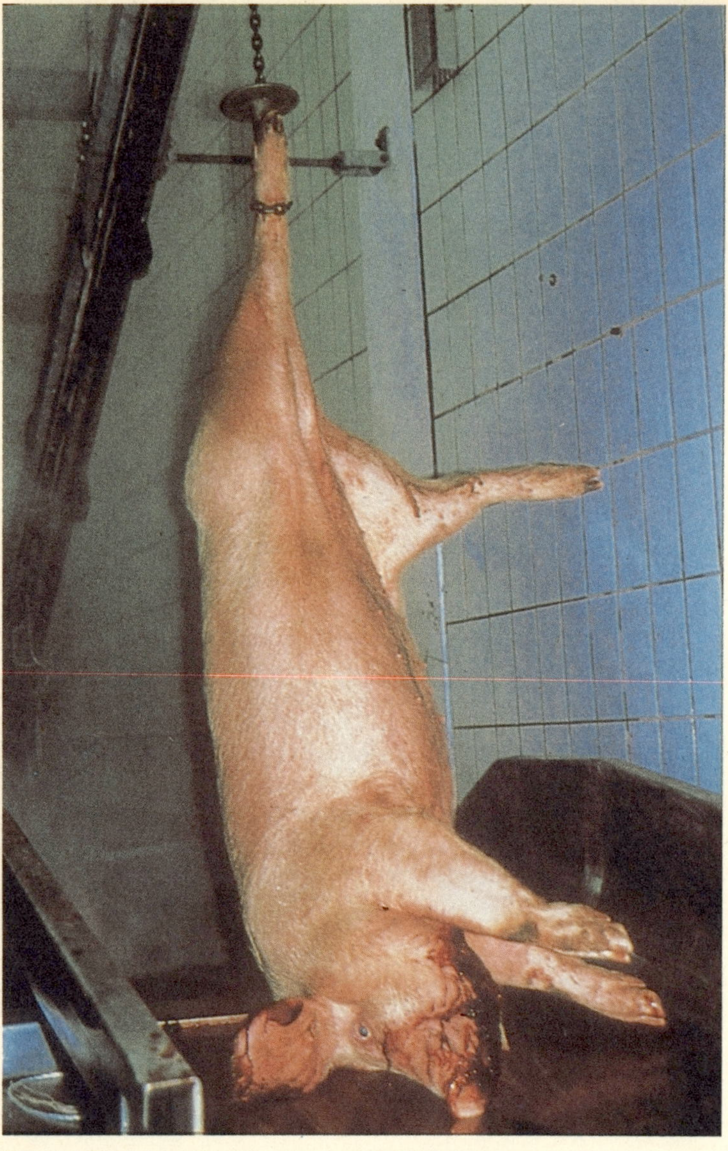

Abb. 4.5 Noch lebendes Schwein wird ins Brühbad gezogen

Schlachtverordnung vom 21.4.1933, § 11
»Mit dem Enthäuten, Schneiden, Stechen, Brühen, Aufhängen geschlachteter, d.h. betäubter und bereits entbluteter Tiere und mit dem Rupfen von geschlachtetem Geflügel darf erst begonnen werden, wenn der Tod des Tieres eingetreten ist und Bewegungen an dem Tier nicht mehr wahrzunehmen sind.«

Im Gegensatz zur Betäubung ist es allerdings nie gelungen, den Tötungsvorgang zu mechanisieren. Das Abstechen von Tieren ist in jedem Schlachthof Handarbeit und hängt damit von der Sorgfalt und Geschicklichkeit des Schlachters ab. Das Tierschutzgesetz äußert sich auch dazu *(Kasten)*.
An das Gesetz halten sich die Akkordarbeiter im Schlachthof nicht immer. Zeit ist Geld. In dem Betrieb, den ich als typisches Beispiel nehme, habe ich den Schlächter gefragt, der den Schweinen am Fließband die Füße abschneidet: *»Glauben Sie, daß die Tiere das nicht mehr spüren?«* Er zeigt auf ein Schwein, dessen Füße er gerade abschneidet, und meint lakonisch: *»Die Sau merkt das noch, da bin ich sicher«* – und schneidet weiter.
Ob er manchmal in der Hektik vergesse, ein Schwein abzustechen, frage ich den Schlächter, der den Tieren am Fließband in die Brust sticht. *»Ja, das kommt schon ab und zu mal vor«*, meint er achselzukkend. Das Schwein, das durch den Strom nur etwa 30 Sekunden betäubt ist, wird in diesem Fall lebendig ins Brühbad gezogen und ertrinkt in der Brühwanne *(Abb. 4.5)*.
Von 5 Uhr bis 9 Uhr wurden an diesem typischen Montagmorgen Schweine geschlachtet. Knapp 500 hängen jetzt in Hälften zerteilt im Kühlraum. Die Männer sitzen blutverschmiert im Aufenthaltsraum und essen hastig ihre Vesperbrote, manche eine Dose Fisch. Nach vierstündiger Knochenarbeit haben sie 20 Minuten Pause, ehe die Kälber- und Rinderschlachtung beginnt, die etwa bis 18 Uhr dauern wird.

Nach den Schweinen: Rinder und Kälber

Viehtransporter liefern noch immer Rinder an. Viele Tiere kommen nach mehrstündigem Transport geschwächt, gar verletzt am Schlachthof an. Allein der Profit bestimmt die Dauer der oft qualvollen Reise. Die Betriebe kaufen auch Tiere aus weit entfernten Orten, um ihre Kapazität auszulasten *(Abb. 4.6)*.
Über eine steile Laderampe treiben die Fahrer die Rinder vom Transporter in den Schlachthof. Eine Kuh fällt seitlich von der

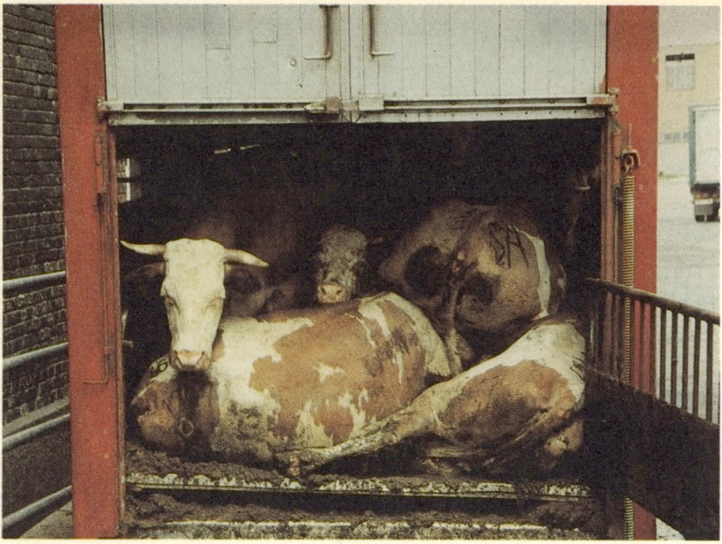

Abb. 4.6 Überladener Rinder-LKW kommt am Schlachthof an

Rampe und bricht sich ein Bein. Sie wird betäubt und mit dem Gabelstapler zur Schlachtung gefahren. Noch immer gibt es nicht auf jedem Schlachthof ebenerdige Ablademöglichkeiten, manchmal sind noch nicht einmal die LKW-Rampen seitlich abgesichert. Die Folge: Die Tiere stürzen aus dem LKW und verletzen sich mitunter schwer.

Nach dem Entladen werden Rinder oft mit Stockschlägen auf empfindliche Körperteile wie Augen, Nase oder Hoden in die Gittergänge im Schlachthof getrieben. Am Ende der Treibgänge öffnet ein Eisenschieber für jeweils ein Rind den Eingang zur Betäubungsbox. Oben neben der Betäubungsbox steht der Betäuber mit dem sogenannten Bolzenschußapparat *(Abb. 4.7)*.

Kälber und Rinder werden betäubt, indem man ihnen einen Metallbolzen ins Hirn schießt und dadurch wesentliche Hirnteile zerstört. Damit das geschieht, muß der Bolzen in der Mitte der Stirn ins Gehirn dringen, wo zwei gedachte Diagonalen von den Hornansätzen zu den Augen einen Kreuzungspunkt bilden *(Abb. 4.8)*.

Wenn der Schuß so ausgeführt wird und dabei auch noch das Bolzenschußgerät einwandfrei funktioniert, ist diese Art der Betäubung aus

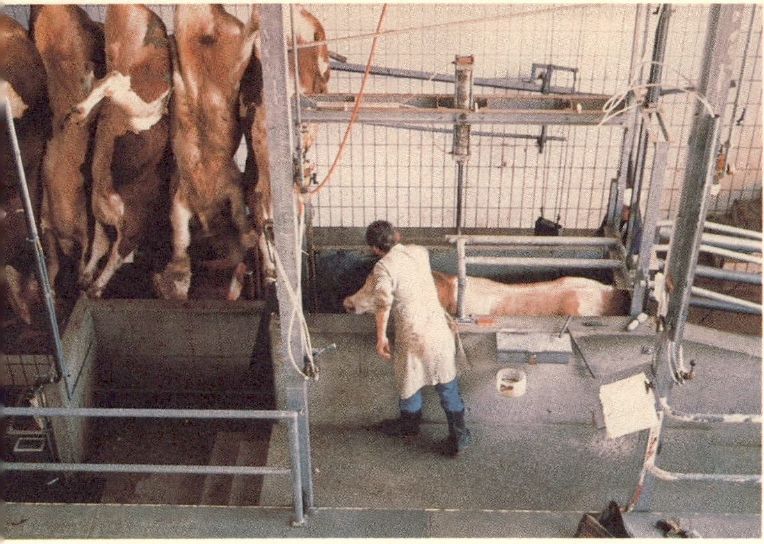

Abb. 4.7 Rinder werden mit Bolzenschuß ins Gehirn betäubt

Abb. 4.8 Fehlschuß bei der Rinderbetäubung

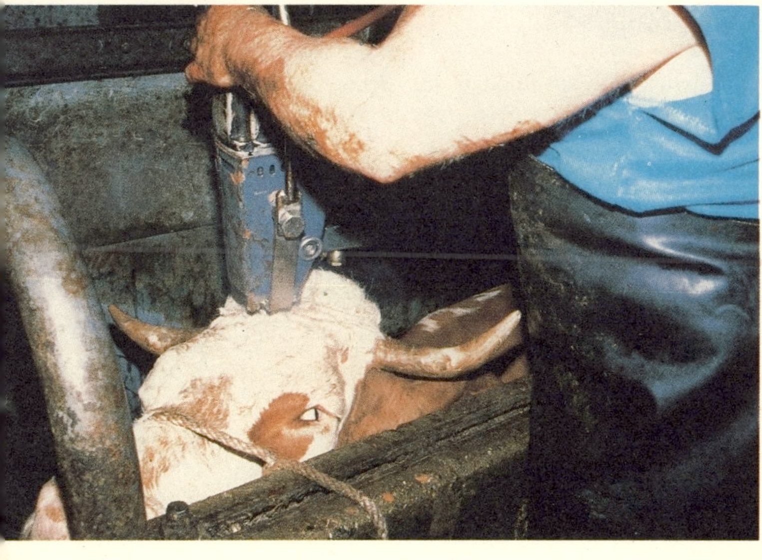

der Sicht des Tierschutzes akzeptabel. Eine knappe Minute hat der Betäuber Zeit, um ein Rind aus dem Treibgang in die Box zu jagen, den Bolzen in seine Stirn zu schießen und es unten aus der Box durch einen Metallschieber auswerfen zu lassen. Am Hinterbein angekettet wird das Tier dann über ein Entblutebecken hochgezogen. Hängt es dort am Fließband, schneidet man ihm die Kehle durch. Auch Rinder sterben, wie Schweine, durch Ausbluten *(Abb. 4.9)*.
Wenn der Arbeiter den Bolzenschußapparat in der Hektik nicht an der richtigen Stelle am Kopf des Tieres ansetzt, steht das Rind nach dem Schuß wieder auf oder versucht es zumindest. Manche Betäuber müssen oft drei- oder viermal in den Kopf eines Rindes schießen, bis das Tier endlich zusammenbricht *(Abb. 4.10)*.
»Bei unsachgemäßer Betäubung werden die Hohlräume oberhalb und unterhalb des Gehirns getroffen, ohne das Gehirn zu verletzen, weshalb das Tier nicht sofort stürzt«, heißt es im Buch *»Das Fachwissen des fortschrittlichen Fleischers«*. Dieses Buch haben die meisten Betäuber allerdings nie gelesen, denn sie sind in der Regel keine Metzger, sondern angelernte Arbeiter. Das Tierschutzgesetz äußert sich auch dazu *(Kasten)*.

Tierschutzgesetz, § 4 (1)
... »Ein Wirbeltier töten darf nur, wer die dazu notwendigen Kenntnisse und Fähigkeiten hat.«

Welcher Art diese Fähigkeiten sein müssen, oder wie sie erworben werden können, läßt das Gesetz offen.
Alles, was ich hier beschrieben habe, wurde in den Filmen *»Der Schrei aus dem Schlachthof«* (BR 1989), *»Tierquälerei – Schlachten im Akkord«* (ZDF, 1990), *»Keine Rechte für Tiere«* (ZDF, 1991) und *»Vom Elend der Nutz-Tiere«* (ZDF, 1992) gezeigt. Das zuständige Bundesministerium für Ernährung, Landwirtschaft und Forsten schrieb bereits zum ersten Film im Jahr 1989, er sei sachlich und gebe die Realität auf deutschen Schlachthöfen wieder. Trotzdem haben es weder das Bundesministerium noch die Länder für nötig gehalten, an diesen Mißständen etwas zu ändern.

Das heiße Eisen: Schächten

Schächten bedeutet Schlachten ohne vorherige Betäubung. Diese Schlachtmethode wird vielfach von Anhängern mohammedanischen und jüdischen Glaubens praktiziert. In Deutschland bedarf es dazu einer Ausnahmegenehmigung durch das jeweils zuständige Veteri-

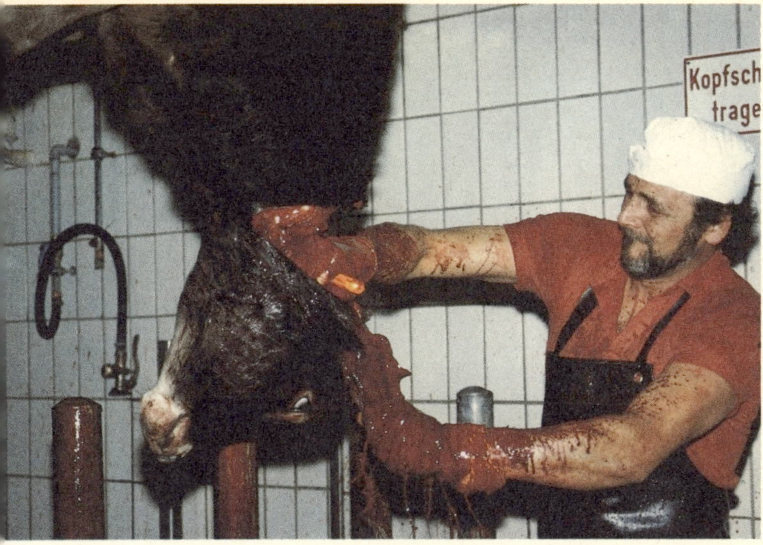

Abb. 4.9 Rinder sterben – wie die Schweine auch – durch Ausbluten

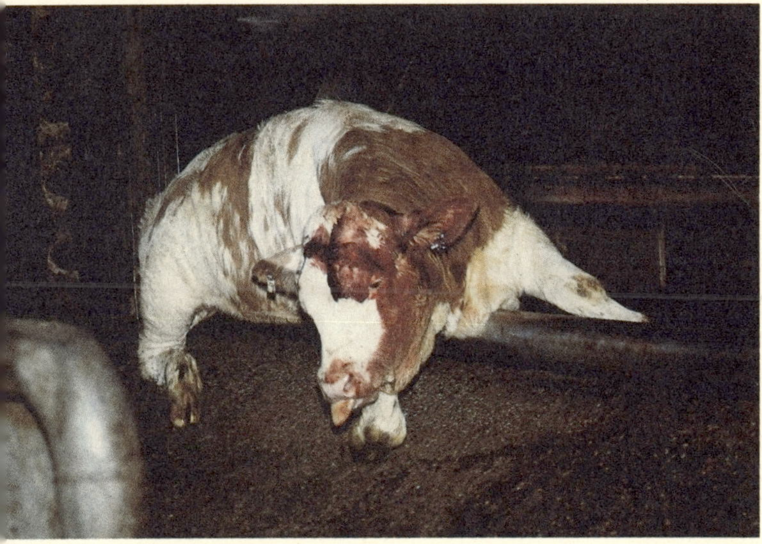

Abb. 4.10 Ungenügend betäubter Bulle

näramt. Tierschützer lehnen das betäubungslose Schlachten als Tierquälerei ab *(Abb. 4.11)*. Zusammen mit dem Biologen Reiner Rosenfeld habe ich mehrmals das Schächten von Kamelen, Rindern, Ziegen und Schafen gefilmt. Zuletzt in einem Schlachthof nahe Paris, als 800 Schafe für ein islamisches Fest geschächtet wurden. Das spielte sich folgendermaßen ab:

Schafe und Rinder: Sterben ohne Betäubung

Zehn Schafe werden in die Bucht getrieben, in der sonst Schweine betäubt werden. Angstvoll drängen sich die Tiere in eine Ecke. Ein Arbeiter packt ein Schaf am Hinterfuß, zerrt es aus der Gruppe und hängt es am Hinterbein ans Fließband. Das Schaf, das sich so verzweifelt gewehrt hat, schwebt zappelnd dem Schächter entgegen. Der Mann arabischer Herkunft packt die Schnauze des Tieres, hebt den Kopf an und schneidet dem Tier die Kehle durch. Ein Schwall von Blut ergießt sich aus dem Hals. Bewußtlos ist das Schaf allerdings nicht. Es zappelt und blinzelt noch etwa eine halbe Minute, versucht, durch die offene Luftröhre zu atmen.
Etwa hundert Schafe einer kleineren Rasse sterben so, dann folgen aus England importierte Schafe. Sie sind größer, wurden vor dem Schächten nicht geschoren. Drei Männer werfen ein Schaf nach dem anderen zu Boden, knien darauf. Der Schächter versucht, unter der Wolle am Hals des Tieres die Kehle zu finden. Anstatt schnell und kräftig einen Schnitt auszuführen, beginnt er zu »sägen«. Das Tier bäumt sich auf unter den unsäglichen Schmerzen. Aufstehen kann es nicht, zwei Männer knien auf ihm, einer steht mit dem Fuß auf seinem Hals. Nur ein blubberndes Geräusch aus der offenen Luftröhre ist zu hören, als das Schaf zu schreien versucht. Langsam und qualvoll stirbt auf diese Weise ein Schaf nach dem anderen. In Zusammenarbeit mit der *»Compassion in World Farming«* (Großbritannien) haben Reiner Rosenfeld und ich all dies im Film *»The Road to Misery«* (1992) der britischen Öffentlichkeit gezeigt.
Das Schächten von Rindern ist technisierter. Je ein Bulle oder eine Kuh werden in einen sogenannten »Umlegeapparat« getrieben. Der dreht das Tier auf den Rücken. Doch so problemlos, wie sich das anhört, ist diese Aktion für ein Rind nicht. Wenn sich die Trommel in der Maschine samt dem Tier um die eigene Achse dreht, wird es von Todesangst erfaßt. Liegt es dann mit schreckgeweiteten Augen auf dem Rücken, wird der Kopf zurückgezogen und der Hals durchge-

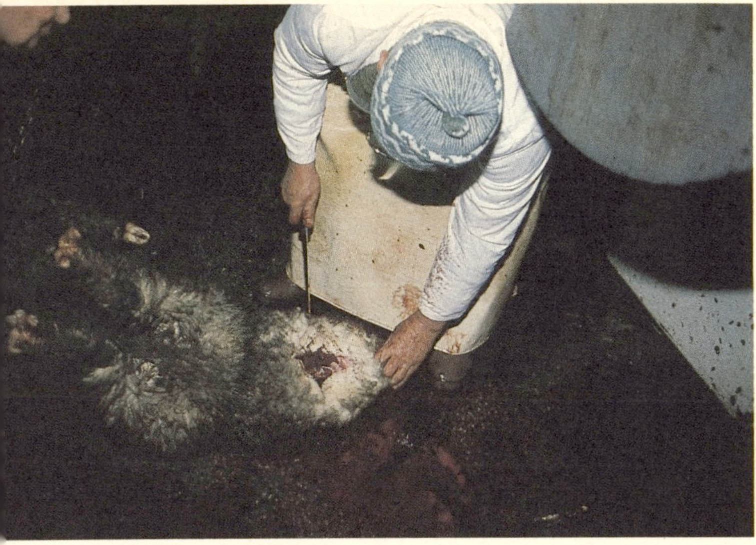

.bb. 4.11 Ein Schaf wird geschächtet

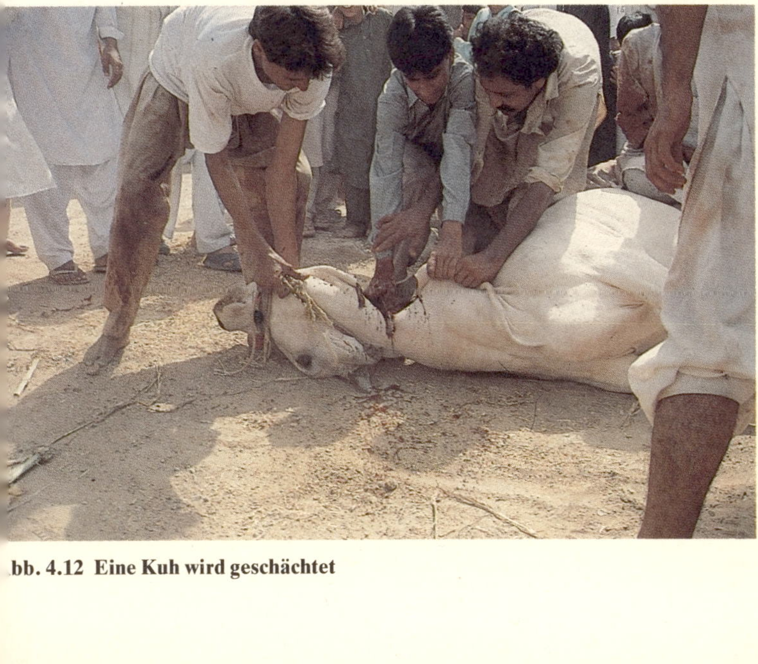

bb. 4.12 Eine Kuh wird geschächtet

schnitten. Selbst wenn der Schnitt fachgerecht ausgeführt wird, vergehen nach Angaben von Frau Dr. Brigitte Rusche, wissenschaftliche Mitarbeiterin des Deutschen Tierschutzbundes, 23–35 Sekunden bis zur Bewußtlosigkeit. Der Schächtschnitt selbst ist für das Tier sehr schmerzhaft, denn es werden neben Halsschlagader, Luft- und Speiseröhre und Muskulatur auch Nervenstränge zum Gehirn durchtrennt. Nicht selten muß gar zwei- oder dreimal nachgeschnitten werden, ehe das Tier richtig ausblutet und damit stirbt *(Abb. 4.12)*.

Fordern Religionsvorschriften das Schächten?

In der Schweiz, in Schweden, Norwegen und Neuseeland ist dieses Schlachten ohne vorherige Betäubung verboten. In Deutschland wird das Schächten noch immer praktiziert. Anhänger islamischen und jüdischen Glaubens berufen sich dabei auf das Grundrecht auf freie Religionsausübung. Auch im Tierschutzgesetz gibt es dazu eine Regelung *(Kasten)*.

> Tierschutzgesetz § 4 (2) 2:
> »Es bedarf keiner Betäubung, wenn die zuständige Behörde eine Ausnahmegenehmigung für ein Schlachten ohne Betäubung (Schächten) erteilt hat; sie darf die Ausnahmegenehmigung nur insoweit erteilen, als es erforderlich ist, den Bedürfnissen von Angehörigen bestimmter Religionsgemeinschaften im Geltungsbereich dieses Gesetzes zu entsprechen, denen zwingende Vorschriften ihrer Religionsgemeinschaft das Schächten vorschreiben oder den Genuß von Fleisch nicht geschächteter Tiere untersagen.«

Eine solche Vorschrift findet sich allerdings weder im Talmud (jüdische »Bibel«) noch im Koran (islamische »Bibel«). Vielmehr schrieb schon 1880 der jüdische Rabbiner Stein: *»Es ist im mosaischen Gesetz keine Spur zu finden, daß das Töten eines zum Genuß erlaubten Tieres durch Schächten zu geschehen habe, oder daß ein Tier, bei dem diese Handlung unterlassen wurde, zum Genuß verboten sei.«*

Zur Zeit, als die maßgebenden Schriften der Hochreligionen entstanden sind, kannte man noch keine Betäubung. Dennoch wird bereits im Koran eine schonende Behandlung der Schlachttiere gefordert: *»Wenn ein Tier für den menschlichen Verzehr geschlachtet werden soll, muß das in einer Weise geschehen, daß ihm möglichst wenig Schmerzen verursacht werden.«* (Quelle: Sura Yasen)

Während zwischen Vertretern mohammedanischen Glaubens und deutschen Tierschützern in der Regel ein Dialog über das Schächten möglich ist, sperren sich manche jüdische Gemeinden gegen eine solche Diskussion. Findet dennoch ein Gespräch statt, so wird die Diskussion – meiner Erfahrung nach – leider ziemlich schnell auf das Thema »Antisemitismus« gelenkt, was jeden weiteren Austausch über das Thema »Schächten« erschwert. Durch diese Vorgehensweise haben sich die Fronten in den letzten Jahren stark verhärtet. Dies darf – im Interesse der Tiere – kein Dauerzustand sein.

Auch Hühner sterben am Fließband

Nahezu 400 Millionen Geflügeltiere (Hühner, Hähnchen, Puten, Enten und Gänse) starben 1991 für den ständig steigenden Appetit der Deutschen auf Geflügelfleisch. Nie zuvor war der Verbrauch so hoch: Während 1983 – statistisch gesehen – jeder Deutsche noch 9,3 Kilo Geflügelfleisch im Jahr verbraucht hat, stieg dieser Konsum bis zum Jahr 1990 auf 12,4 Kilo pro Kopf an (Zahlen für alte Bundesländer). Immer mehr und immer schneller muß dafür gemästet und getötet werden. Ohne Rücksicht auf Verluste. 60000 bis 150000 Hühner oder Hähnchen sterben pro Tag in einem modernen Geflügelschlachtbetrieb. Nur wenige Firmen gestatten Außenstehenden – am wenigsten Tierschützern und der Presse – einen Einblick in dieses hektische Geschäft. Alle Achtung vor jenen, die es doch getan haben und nicht, wie ein bayerischer Firmenchef, gesagt haben: *»Die Leute sollen das Zeug fressen, und nicht fragen, wo's herkommt...« (Abb. 4.13)*

Legehennen haben das übelste Los

Einer von vielen Lastwagen an diesem Tag fährt seitwärts an die Rampe des Schlachthauses heran. Er ist beladen mit 6000 Legehühnern, je zehn in einem Plastikkäfig von der Größe einer Obstkiste. Bedauernswerte, federlose Kreaturen, die 15 Monate in kleinen Drahtkäfigen Eier legen mußten. Nur für die Dauer des Transports von der Legebatterie zum Schlachthaus durften sie die Sonne sehen. Wenn der LKW an die Rampe fährt, dauert es höchstens noch eine Stunde, dann sind die sechstausend Hühner tot. Männer in weißen Arbeitskitteln entladen die Transportkisten vom LKW.
Hektisch zerren sie ein Huhn nach dem anderen aus einer Öffnung an der Oberseite jeder Kiste. Mancher Flügel, manches Bein bricht – das

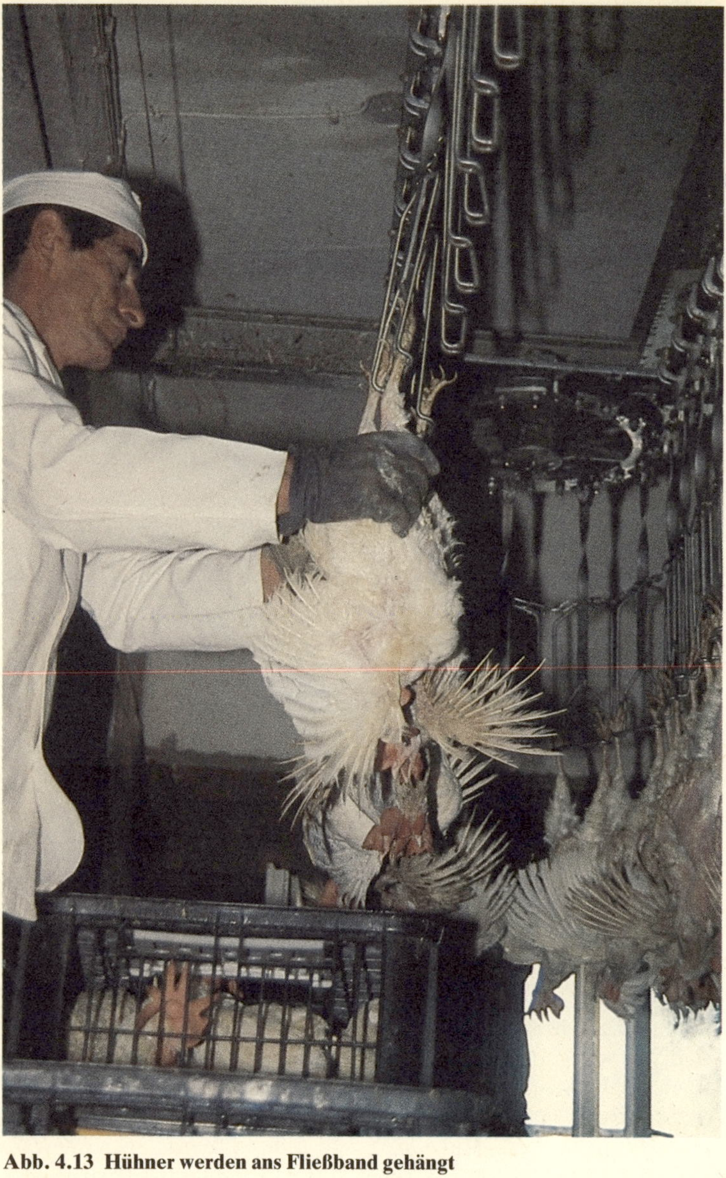

Abb. 4.13 Hühner werden ans Fließband gehängt

spielt bei Suppenhühnern keine Rolle. Etliche Tiere werden bereits tot aus den Transportkisten gezogen. Sie sind unterwegs erstickt. Alle anderen Hühner werden mit den Füßen in die Metallbügel am Fließband eingeklinkt. Sie wehren sich noch, zappeln, doch vergebens. Unaufhörlich bewegt sich das Fließband auf ein Wasserbad zu, das unter Strom steht. Wenn die Hühner mit dem Kopf ins Wasser eintauchen, werden sie durch einen elektrischen Schlag betäubt. Doch manchem kleinen oder besonders wehrhaften Huhn gelingt es, den Kopf über Wasser zu halten.

Es ist dann nicht betäubt, wenn sein Kopf automatisch in eine Metallschiene eingefädelt wird, an deren Ende ein rotierendes Messer die Hälse der Tiere aufschneidet. Geflügeltiere sterben – wie alle Nutz- und Schlachttiere – durch Ausbluten. Manchmal entgeht ein Huhn sogar dem rotierenden Tötemesser. Dann muß ein Arbeiter den Hals des Tieres durchschneiden, sonst wird das Huhn lebendig gebrüht und gerupft. Bei Schlachtzahlen von fünfzig- oder hunderttausend Tieren pro Tag kommt es durchaus vor, daß mal ein Huhn lebendig in die Maschinerie gerät *(Abb. 4.14; 4.15)*.

Masthähnchen: Der technisch perfekte Tod?

Es ist noch nie gelungen, den Vorgang des Tötens perfekt zu automatisieren. In einem der modernsten Betriebe Deutschlands durften wir die Schlachtung von Masthähnchen filmen. Mit einem Containersystem versucht dieser Betrieb, den Transport zu rationalisieren und menschliches Versagen beim Verladen so gering wie möglich zu halten. Die Masthähnchen werden dabei in einem Metallcontainer mit mehreren Etagen vom Stall zum Schlachtbetrieb transportiert. Nur das Fangen im Massenstall ist noch Handarbeit, und auch dafür gibt es im Ausland bereits eine Lösung: Eine Art »Staubsauger«, der die Hähnchen einsammelt.

Mit einem Gabelstapler werden die mannshohen Container auf einen LKW gehoben, im Schlachthaus genau gleich wieder entladen. Ein Container nach dem anderen wird dort auf ein Fließband gehoben. Nach wenigen Metern neigt sich der ganze Container nach vorn, die Hähnchen werden automatisch auf ein weiteres Fließband gekippt. Hähnchen, die zum Teil noch die Flauschbehaarung von Küken tragen. Nur sechs Wochen durften sie in einem Massenstall bei Dauerbeleuchtung leben – oder besser: fressen.

Am Ende eines Tunnels werden die Hähnchen durch das Fließband

Abb. 4.14 Betäubung im elektrischen Wasserbad

Abb. 4.15 Kehlschnitt beim Huhn

auf einen sich drehenden Tisch ausgeworfen. Männer mit Staubmasken klinken sie mit den Füßen ins Fließband ein, dann sterben sie auf die gleiche Weise, wie ich das zuvor bei den Legehennen beschrieben habe. Zwar schien uns die vollautomatisierte Transportmethode schonender als die Verladung der Tiere in Kisten, dennoch kam es auch in diesem Betrieb zu Qualen für einzelne Tiere. Gemeint sind: körperliche Qualen, denn wer könnte schon die psychische Belastung eines einzelnen Huhnes bei einem solchermaßen technisierten Massensterben einschätzen. Willentliche Tierquälerei war in diesem Betrieb kaum zu beobachten. Zu Qualen kam es für die Tiere vor allem durch die Automatisierung und den Zeitdruck.

So etwa, wenn das Fließband gestoppt wurde, weil die Arbeiter mit dem Aufhängen der Hähnchen nicht mehr im Tempo des Fließbandes mithalten konnten. Dann sind einige Meter Fließband weiter die Hähnchen im Wasserbad ertrunken. Oder, was wir in mehreren Betrieben beobachtet haben, wenn noch lebende, schwerverletzte Tiere in der Hektik ebenso wie Tote zu den Schlachtabfällen geworfen wurden. Diese Tiere sind dann ebenso qualvoll gestorben

Abb. 4.16 Unter dem Gitterrost im Schlachthaus

wie jene einzelnen Hähnchen, die mit dem Container, der eigentlich nach dem Auskippen leer sein sollte, durch die Desinfektionsdusche gegangen sind. Gesagt sei, daß der eben beschriebene Betrieb – trotz allem – eine lobenswerte Ausnahme unter den Geflügelschlachthäusern in Deutschland darstellt.
Insgesamt läßt sich aber sagen, daß die Schlachtung von Geflügeltieren genauso entwürdigend vor sich geht wie die aller anderen Tiere, die gegessen werden. Beim Töten im Akkord zählen heute mehr denn je nur Schlachtzahlen und Tonnen Fleisch, nie das einzelne Tier. Wenn es in den Schlachthäusern zu Verbesserungen im Sinne des Tierschutzes kommt, so sind dies meist Eigenleistungen der jeweiligen Betriebe. Für die zuständigen Politiker ist der Schutz von Schlachttieren meiner Einschätzung nach noch immer kein Thema *(Abb. 4.16)*.

Daten und Fakten

Der Verbrauch an Fleisch von Masthähnchen entspricht 57,3% des Gesamt-Pro-Kopf-Verbrauchs von 12,4 Kilo im Jahr 1990. Suppenhühner stellen 8,9%. Besonders stark angestiegen ist in den letzten Jahren die Nachfrage nach Putenfleisch.
Fazit: Noch nie zuvor wurde in Deutschland soviel Geflügelfleisch verbraucht. *»Verbrauch«* ist allerdings nicht dasselbe wie *»Verzehr«*, das sei hier angemerkt. »Verbrauch« umfaßt jegliche Verwendung des Fleisches, beispielsweise auch für Katzenfutter. Der Verzehr, also der Anteil Fleisch, der von Menschen gegessen wurde, betrug 1990 59,6% des Verbrauchs an Geflügelfleisch.
Eine Steigerung des Fleischkonsums gab es außer beim Geflügel nur beim Kalbfleisch. Hier stieg der Pro-Kopf-Verbrauch von 0,6 Kilo im Jahr 1990 auf 0,7 Kilo im Jahr 1991. Insgesamt ist der Trend zum Fleischessen nach vorläufigen Angaben des Bundesministeriums für Ernährung, Landwirtschaft und Forsten rückläufig (BMELF-Informationen Nr. 19 vom 11.5.92). Der Pro-Kopf-Fleischverbrauch ist von 1990 auf 1991 um etwa 5% gesunken, der deutsche Gesamtverbrauch von 8,11 Millionen Tonnen im Jahr 1990 auf 7,79 Millionen Tonnen 1991 zurückgegangen. Maßgeblich dafür ist der geringere Pro-Kopf-Verbrauch an Schweinefleisch (1990: 41,1 kg/1991: 39,4 kg) und an Rindfleisch (1990: 14,2 kg/1991: 13,5 kg). An Kaninchen und Wild wurde etwa 1,0 kg pro Kopf verbraucht.

Die Verbrauchswerte schließen – wie zuvor beim Geflügelfleisch – neben dem menschlichen Verzehr auch die Verwendung für Tierfutter sowie die industrielle Verwertung und Verluste ein. Gegessen wurden nach Angaben des BMELF 1990 66,3 Kilo Fleisch pro Kopf, 1991 nur noch 64,0 Kilogramm. Für den Tierschutz ein erfreulicher Trend.

Tab. 4.1: Schlachtzahlen in Deutschland 1991 (alte und neue Bundesländer)

Schweine:	43579300	(einschließlich Hausschlachtungen)
Rinder:	6954400	
Kälber:	647500	
Schafe:	2406200	
Ziegen:	10700	
Pferde:	17900	

Quelle: Zentrale Markt- und Preisberichtstelle (ZMP), Bonn

Tab. 4.2: Geflügelschlachtungen in Deutschland 1991 (alte und neue Bundesländer)

Vorbemerkung: Die Zahl der Geflügelschlachtungen wird nicht offiziell erfaßt. Statistiken gibt es nur in Tonnen/Schlachtgewicht. Die Zentrale Markt- und Preisberichtstelle (ZMP) in Bonn hat versucht, für unsere Leser die Tonnen/Schlachtgewicht (= Gewicht der geschlachteten und ausgenommenen Geflügeltiere) auf die Zahl der dafür getöteten Tiere umzulegen:

Gewicht des 1991 geschlachteten Geflügels in Tonnen: 509941

Tierart	*Schlachtzahl*	*zugrundegelegtes Gewicht des Einzeltieres*
Masthähnchen:	255000000	1,2 Kilo
Legehühner:	28500000	1,3 Kilo
Puten:	14000000	10 Kilo
Enten:	13000000	1,7 Kilo
Gänse:	1000000	1,4 Kilo
Gesamt	311500000	

Quelle: Zentrale Markt- und Preisberichtstelle (ZMP), Bonn

Tab. 4.3: Die Zusammensetzung des Pro-Kopf-Verbrauchs von 12,4 kg im Jahr 1990 nach Geflügelarten:

Jungmasthühner (Hähnchen):	7,1 kg
Suppenhühner:	1,1 kg
Truthühner (Puten):	3,1 kg
Enten:	0,7 kg
Gänse:	0,4 kg
Verbrauch:	12,4 kg

Quelle: Zentrale Markt- und Preisberichtstelle, Bonn

Was können wir tun?

Vor allem: Dem Schweigen ein Ende machen. Wir dürfen nicht länger verdrängen, daß jedem Fleischessen der Tod eines Tieres vorausgehen muß. Wir sollten uns zumindest dafür interessieren, wie dieses Tier stirbt.

1. Wir können unseren Fleischkonsum einschränken oder ganz auf Fleisch verzichten, wenn wir die derzeitige Art der Schlachtung nicht billigen.
2. Wir können das Fleisch von einem Metzger beziehen, der nachweislich selbst und möglichst schonend schlachtet. Wer kann, sollte sich bei diesem Metzger auch einmal eine Schlachtung ansehen, um sich selbst ein Urteil bilden zu können.
3. Wir können die zuständigen Politiker durch Briefe auffordern, endlich zu handeln. Oberste Behörde ist das

   Bundesministerium für
   Ernährung, Landwirtschaft und Forsten
   5300 Bonn

Auch die jeweiligen Landesministerien sind zuständig.

4. Zentrale Forderungen sind:
   - eine einheitliche Ausbildung des Schlachthofpersonals;
   - die Überwachung der Einhaltung von Tierschutzrichtlinien durch neutrale Fachleute.

Grafik: Pro-Kopf-Verbrauch an Geflügelfleisch

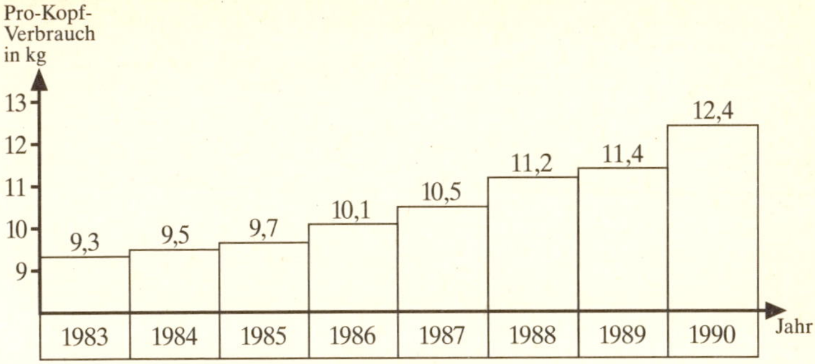

Vorschriften zur Tierschlachtung

1. Nationale Vorschriften

a) Tierschutzgesetz
§ 17: Zulässigkeit des Tötens von Tieren
§§ 4, 4a, 4b: Art und Weise des Schlachtens, Betäubung
§ 4a auch: Schächten
§ 16: behördliche Überwachung der Schlachtstätten

b) Gesetz über das Schlachten von Tieren vom 21.4.1933

c) Verordnung über das Schlachten von Tieren v. 21.4.1933

d) Verordnung über das Schlachten und Aufbewahren von lebenden Fischen und anderen kaltblütigen Tieren.

2. Europäische Gemeinschaft

in Vorbereitung: Richtlinie über den Schutz von Tieren zum Zeitpunkt der Schlachtung oder Tötung.

3. Europarat

Europäisches Übereinkommen über den Schutz von Schlachttieren, dazu: Gesetz zu diesem Übereinkommen vom 10.5.1979. Schächten wird im Übereinkommen insbesondere in den Artikeln 13, 14 und 17 erwähnt.

5. Tierversuche: Kein Tier verläßt das Labor lebend

7–14 Millionen Versuchstiere sterben in Forschung und Wissenschaft pro Jahr, sagen die Tierschutzverbände. »Nur« 2,64 Millionen Wirbeltiere seien »verwendet« worden, verkündete das Bundesministerium für Ernährung, Landwirtschaft und Forsten nach der ersten Zählung im Jahr 1989. Grundlage für diese Zahl ist die sogenannte »Versuchstier-Meldeverordnung«, die seit 1.1.89 in Kraft ist. Die Zahlen des Ministeriums seien irreführend, sagt der Deutsche Tierschutzbund, der tatsächliche Verbrauch an Tieren sei viel höher. Wer hat recht? Und wofür werden eigentlich all diese Tiere »verbraucht«? *(Abb. 5.1)*

Ein Tierversuch – was ist das eigentlich?

Eine pauschale Frage? Nicht unbedingt. Denn genau darum streiten sich Tierschutzverbände, Wissenschaftler und das Landwirtschaftsministerium. Das Tierschutzgesetz äußert sich dazu *(Kasten)*.

Tierschutzgesetz § 7, Absatz 1: »Tierversuche im Sinne dieses Gesetzes sind Eingriffe oder Behandlungen an Tieren zu Versuchszwecken, die mit Schmerzen, Leiden oder Schäden für die Tiere verbunden sein können.«

Wenn ein Eingriff an Tieren ein Tierversuch im Sinne dieses Gesetzes ist, hat das Konsequenzen: Er muß beim zuständigen Regierungspräsidium entweder genehmigt oder – je nach Versuch – zumindest gemeldet werden. Und er wird statistisch erfaßt. Weiterhin ergibt sich daraus die Verpflichtung für die Forscher, nach einer Alternative für diesen Eingriff an Tieren zu suchen, und, so es eine Alternative ohne Tiereinsatz gibt, diese auch anzuwenden.

Zum Beispiel: Die Krebsmaus

Die »Krebsmäuse«, wie wir sie hier nennen wollen, sind ein typisches Beispiel für den Streit darum, was ein Tierversuch ist und was nicht. Etwa 22000 Mäusen im Jahr werden Tumorzellen in die Bauchhöhle gespritzt, um künstlich Krebs zu erzeugen. Damit möchte man sogenannte »monoklonale Antikörper« gewinnen, um sie im Kampf gegen

Abb. 5.1 Kaninchen im sterilen Käfig eines Forschungslabors

den menschlichen Krebs einzusetzen. Diese Mäuse erleiden große Qualen. In Baden-Württemberg wird dieser Eingriff als Tierversuch gewertet und gezählt, in Bayern erscheint er nicht in der Statistik. Das bedeutet neben einer Verfälschung der Statistik auch, daß eine Alternativmethode dort nicht angewendet werden muß.

Hier sagt man, es werde geforscht, dort sagt man, es werde nur etwas produziert – Antikörper gegen Krebszellen nämlich, was statistisch nicht erfaßt werden muß. So kommt es, daß Dr. Ingrid Kuhlmann von der Universität Konstanz in jahrelanger Arbeit ein Ersatzverfahren mit Zellkulturen für den Labormaßstab entwickelt hat, diese Alternative aber nicht überall angewendet wird. Inzwischen gibt es eine Verwaltungsempfehlung von Bund und Ländern, die besagt, man solle die Alternative anwenden. Trotzdem werden aus den oben genannten Gründen in einigen Bundesländern noch immer Mäuse verwendet *(Abb. 5.2)*.

> Tierschutzgesetz, § 7, Absatz 2:
> »Bei der Entscheidung, ob Tierversuche unerläßlich sind, ist insbesondere der jeweilige Stand der wissenschaftlichen Erkenntnisse zugrunde zu legen und zu prüfen, ob der verfolgte Zweck nicht auch durch andere Methoden oder Verfahren erreicht werden kann.«

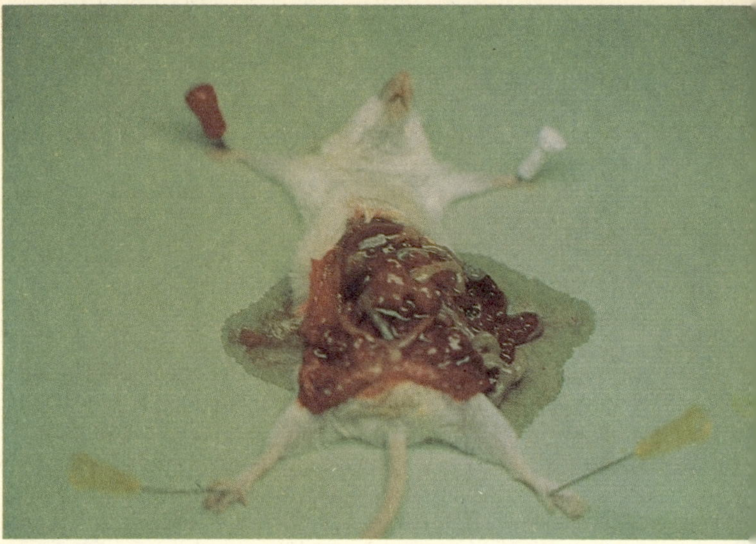

Abb. 5.2 Bei dieser Maus wurde künstlich Krebs erzeugt

Abb. 5.3 »Abgetötetes Tiermaterial« nennt man das im Fachausdruck

Die verschleierte Statistik

»Die Statistik über Versuchstierzahlen kann nur Angaben machen über die Zahl der gemeldeten Tierversuche, keinesfalls aber über die reale Zahl der Tierexperimente oder des sogenannten Tierverbrauchs«, so bringt das Ilja Weiss, einer der maßgeblichen Mitbegründer des politisch ausgerichteten Tierschutzes, auf den Punkt. Ilja Weiss, vormals Tierschutzbeauftragter in Hessen, schätzt die Zahl der Tiere, die pro Jahr in ganz Deutschland für Versuchs- und sonstige medizinische Zwecke sterben müssen, auf 4 Millionen. Grundlage dieser Schätzung sind die genaueren französischen und englischen Statistiken über Tierversuche.

Bei der deutschen Statistik fällt eine hohe Zahl von Tieren einfach weg – weil es nach Meinung des Bundesministeriums für Ernährung, Landwirtschaft und Forsten zu keinen Tierversuchen kommt. So werden zum Beispiel Tiere, die in Experimenten zu Ausbildungszwecken »verbraucht« werden, ebensowenig gezählt wie jene, die zum Zweck der Organentnahme getötet werden. Allein im Bereich des Regierungspräsidiums Freiburg beispielsweise werden jährlich etwa 50000 Tiere zur Organentnahme getötet. Auf ganz Deutschland hochgerechnet, ergibt dies eine immense Zahl an Tieren, die in der Statistik der Bundesregierung einfach unter den Tisch fallen. Hinzu kommen Tiere, die zur Herstellung von Seren und Impfstoffen getötet werden, und genausowenig gezählt werden wie jene, die als Wirtstiere für die Forschung mit Parasiten dienen.

Warum wir uns hier überhaupt mit Statistik beschäftigen: Es sollte das einzelne Tier zählen. Und das tut es in Deutschland nicht. Einige Beispiele: Geflügel wird in Tonnen/Schlachtgewicht erfaßt. Über Flugtiertransporte gibt es genauso nur vage Zahlen wie über die Verwendung von Tieren zu Versuchs- oder Nicht-Versuchszwecken. Dies ist eine Mißachtung des Tierlebens, die sich schon in »Fachausdrücken« wie »Endproduktküken« (Geflügel) oder »abgetötetes Tiermaterial« (Tierversuche) ausdrückt.

Wofür Versuchstiere leben und sterben

Bei der oben beschriebenen Forschung mit der »Krebsmaus« handelt es sich um sogenannte »Grundlagenforschung«, die sich hauptsächlich mit biologischen Zusammenhängen beschäftigt. Weit mehr Versuchstiere werden aber in der sogenannten »angewandten For-

schung« verbraucht. Diese Art der Forschung ist mehr im medizinischen und pharmazeutischen Bereich angesiedelt. Allein etwa zwei Drittel aller Versuchstiere sterben für gesetzliche Sicherheitstests. In diesen Tests muß jeder Stoff geprüft werden, mit dem der Mensch in Kontakt kommen kann. Am Tier wird insbesondere geprüft, ab welcher Menge eine neue Substanz schädigend wirkt, sei das nun für Medikamente, Putzmittel oder Körperpflegemittel.
Viele dieser Tests sind heftig umstritten, sowohl aus wissenschaftlicher Sicht wie aus Gründen des Tierschutzes. Insbesondere der grausame Draize-Test und der fragwürdige LD-50-Test stehen seit Jahren im Kreuzfeuer der Kritik. Diese Tests stoßen vor allem deshalb auf Ablehnung, weil dabei eine hohe Zahl von Versuchstieren in teilweise sehr schmerzhaften Experimenten eingesetzt wird.

Der Draize-Test

Beim sogenannten Draize-Test (sprich »Dres-Test«) werden Substanzen aller Art auf ihre reizende oder ätzende Wirkung hin überprüft. Er wird beispielsweise am Kaninchenauge durchgeführt. Dabei wird eine zu prüfende Substanz in das Auge des Tieres gesprüht und, falls der neue Stoff reizt oder ätzt, der Grad der Verätzung in gewissen Zeitabständen gemessen. Professor Lüpke von der Universität Münster hat ein Ersatzverfahren zum Draize-Test entwickelt. Bei dieser alternativen Methode werden bebrütete Hühnereier statt der Kaninchen verwendet. Bislang kommt diese Alternative noch nicht überall zum Einsatz, weil das Bundesgesundheitsamt die Methode erst »validieren«, d. h. zulassen muß.

Der LD-50-Test

Im LD-50-Test wird jede neue Substanz auf ihre Toxizität, also Giftigkeit, hin überprüft. Dies ist die Voraussetzung für die Zulassung durch das Bundesgesundheitsamt. Um die Menge zu ermitteln, die einen Menschen schädigt, wird der zu prüfende Stoff mehreren Gruppen von Tieren in verschiedenen Konzentrationen und Mengen verabreicht.
Neben Nagetieren werden dazu in kleinerer Zahl auch Affen, Schweine und Hunde eingesetzt, um Stoffe auf längerfristige Giftwirkung zu überprüfen. Durch den Versuch wird festgestellt, welche Menge (Dosis) für die Hälfte (50 %) der Tiere tödlich (letal) ist. LD-50

ist die Abkürzung für »letale Dosis 50«. Das Ergebnis wird durch einfaches Auszählen der verendeten Tiere ermittelt. Die Giftigkeit ist damit geprüft, der Hersteller der Substanz vor Schadenersatzansprüchen durch den Verbraucher geschützt.

Der LD-50-Test ist zwar im Gesetz nicht ausdrücklich erwähnt, eine Prüfung aller neuen Substanzen ist aber grundsätzlich vorgeschrieben. Ursprünglich wurde das Verfahren vor 60 Jahren entwickelt, um die Wirkstoffe aus der Fingerhutpflanze zu untersuchen und sie bei Herzerkrankungen einzusetzen. Im Laufe der Zeit wurde der Versuch zur Standardmethode für die Prüfung auf Giftigkeit bei fast allen Stoffen, ob das nun Waschmittel, Holzschutzfarben oder Kosmetikgrundstoffe waren. Weil die Aussagekraft dieser Versuche verhältnismäßig gering ist, der Verbrauch an Tieren aber hoch, ist er auch unter den Wissenschaftlern äußerst umstritten. Der Leiter eines Instituts für Toxikologie nannte dieses Verfahren eine *»rituelle Massenexekution von Tieren«*.

Wir haben diese Beispiele für Tierversuche gewählt, weil sie umstritten sind und noch immer eine hohe Zahl von Tieren dafür sterben muß. Abgesehen von Standardtests wie LD-50 oder Draize, wechseln natürlich Art und Zweck der tierexperimentellen Forschung von Zeit zu Zeit. In den letzten Jahren etwa wird verstärkt im Bereich der Ökotoxikologie (Umweltgifte) geforscht. Ob wir Versuche an Tieren generell, zum Teil oder gar nicht billigen, müssen wir selbst entscheiden. Jeder einzelne Verbraucher hat es mit in der Hand, wie viele Tiere für Versuche gezüchtet, transportiert und schließlich getötet werden *(Abb. 5.3)*.

Was können wir tun?

- Kaufen Sie Kosmetikprodukte und Haushaltsartikel, die nicht im Tierversuch getestet wurden. Auch im Reformhaus können Sie Produkte erwerben, die nicht in Tierversuchen getestet wurden (Liste beim Deutschen Tierschutzbund, Baumschulallee 15, 5300 Bonn 1).
- Greifen Sie nicht bei geringen Beschwerden zu Medikamenten, auch damit fördern Sie Tierversuche.
- Achten Sie auf gesunde Lebensweise. Ein großer Teil der medizinischen Forschung ist mit der Bekämpfung unserer Zivilisationskrankheiten beschäftigt.

- Der Deutsche Tierschutzbund entwickelt in der Tierschutzakademie Neubiberg Methoden der tierversuchsfreien Forschung. Sie können solche Vorhaben finanziell unterstützen.

6. Das stille Elend: Heimtierhaltung

Etwa 70 Millionen Heimtiere – vor allem Vögel, Fische, Kleinnager, Katzen und Hunde – wurden 1991 in der Bundesrepublik Deutschland nach Angaben des Deutschen Tierschutzbundes gehalten. Diese Zahl ist Ausdruck des ständig steigenden Bedürfnisses nach etwas Natur in unserer von Beton und Zement geprägten Umwelt. Das Heimtier spielt in unserer Zeit eine bedeutende Rolle als »Lebenspartner« einsamer Menschen.

Aber auch als Statussymbol gewinnen bestimmte Tierarten immer mehr an Bedeutung. Besonders exotische Tiere wie Raubkatzen, Reptilien oder seltene Papageienarten gelten als attraktive Dekorationsstücke in teuren Wohnungen. Extravagante Kleidungsstücke werden zum Beispiel durch eine lebende Ratte auf der Schulter aufgewertet. Die Tatsache, daß immer öfter solche Beweggründe zum Kauf eines Tieres führen, wirft die Frage auf, ob Heimtiere nicht immer mehr zum Konsumartikel werden.

Zoogeschäfte: Das Haustier als Ware

Die Verantwortung für diese Entwicklung haben vorrangig die großen Zoofachgeschäfte und Handelsketten, die Tiere manchmal so anpreisen, als wären sie Wegwerfartikel. Da werden Sonderangebote offeriert, bei denen der problemlose Umtausch der Ware »Tier« garantiert wird. Fast jedes Geschäft verspricht, ein gewünschtes, gerade nicht vorrätiges Tier innerhalb kürzester Zeit zu besorgen. Hunde- und Katzenjunge werden in Schaufenstern ausgestellt, so daß sie auch beim Wochenendspaziergang begutachtet werden können.

In den Geschäften werden die Käfige, Aquarien oder Terrarien genau so plaziert, daß gerade Kinder auf kleine Vögel, bunte Fische oder putzige Hamster und Mäuse aufmerksam werden – denn meistens sind sie es, die die Eltern zum unüberlegten Kauf eines Heimtieres bewegen. Entscheidet man sich zum schnellen Kauf, so bietet das »Fachgeschäft« zudem alles Notwendige zur Versorgung des neuen Familienmitgliedes: Käfige, Zubehör und Nahrung – die Gebrauchsanleitung, sprich das Know-how über die Bedürfnisse des Tieres, kann ebenfalls gleich erworben werden, damit der interessierte Laie bei der Betreuung keine Fehler macht. Das Tierschutzgesetz weist darauf hin *(Kasten)*.

> Tierschutzgesetz, § 2:
> Wer ein Tier hält, betreut oder es zu betreuen hat,
> 1. muß das Tier seiner Art und seinen Bedürfnissen entsprechend angemessen ernähren, pflegen und verhaltensgerecht unterbringen,
> 2. darf die Möglichkeit des Tiers zu artgemäßer Bewegung nicht so einschränken, daß ihm Schmerzen oder vermeidbare Leiden oder Schäden zugefügt werden.

Im allgemeinen sind sich die Käufer von Heimtieren nicht über die Konsequenzen im klaren, die sich aus der Anschaffung des Tieres ergeben. Bereits die Vorstellungen vom Zeitaufwand für die Versorgung des Tieres weichen meist ganz deutlich von den tatsächlichen Gegebenheiten ab. Käfige oder Terrarien werden oft zu klein gekauft, da gerade diese Artikel bei der Anschaffung entsprechend der Größe enorme Kosten verursachen. Letztendlich führt das dazu, daß viele Heimtiere in vollkommen verdreckten, zu kleinen Käfigen oder Terrarien ihr Dasein fristen müssen *(Abb. 6.1)*.
Die Verantwortung der Zoogeschäfte für viele versteckte, aber leider alltägliche Tierquälereien wird auch am Beispiel von Goldhamstern oder Mäusen deutlich. Denn gerade diese dämmerungs- und nachtaktiven Tierarten werden seit vielen Jahren vorwiegend an Familien mit Kindern verkauft. Dort beschäftigt man sich während des Tages mit diesen »Spiel- oder Streicheltieren«, wodurch diesen die für sie so wichtige Ruhephase genommen wird. Keinesfalls kann hier von artgerechter Tierhaltung gesprochen werden. Auf diesen Umstand sollten die Zoogeschäfte hinweisen.

Wenn Tierhaltung zur Quälerei wird

Leider werden immer noch viel zu kleine und vollkommen falsch konzipierte Käfige, Aquarien und Terrarien durch den Zoofachhandel vertrieben. Nicht selten fehlt es an fachkundiger Beratung durch das Verkaufspersonal. Mit ein Grund, warum viele der 7,5 Millionen Ziervögel, die sich in bundesdeutschen Haushalten befinden, unter Verhaltensstörungen leiden.
Besonders gravierend ist der Umstand, daß im »Fachhandel« auch heute noch Rundkäfige angeboten werden, etwa für Papageien oder Beos. Solche Käfige machen eine räumliche Orientierung der Vögel fast unmöglich. Vögel, die so gehalten werden, sind besonders

schreckhaft, weil ihnen im Rundkäfig ein »Fluchtweg zum Rückzug« vollkommen fehlt. Oft zeigen sich Anzeichen von »Käfigblödheit«, also stereotype Bewegungsabläufe, weil die Vögel unter Langeweile, falsch angebrachten Sitzstangen oder unter fehlendem Freiflug leiden.

Auch die Ausbildungsrichtlinien des Zoofachhandels, herausgegeben vom Zentralverband zoologischer Fachbetriebe Deutschland e.V., setzen den Platzbedarf für viele Käfigtiere zu gering an. So sollte der Auszubildende den Kunden in bezug auf die artgerechte Haltung von Papageien beraten können und für einen Graupapagei oder eine Amazone *»eine Käfiggröße von 50 Zentimetern, besser sogar 70 Zentimetern«* empfehlen. Aus einem Sonderdruck der Zeitschrift »Tierärztliche Praxis« (1989) zum Thema »Heimtierhaltung und Tierschutz« von Dr. P. Hollmann geht jedoch hervor, daß diesen Tieren Käfige mit einer Mindestgröße von 100 Zentimetern Seitenlänge, 100 Zentimetern Tiefe und 150 Zentimetern Höhe zur Verfügung stehen müssen. Nur so kann ihrem Bewegungsbedürfnis annähernd entsprochen werden.

Prinzipiell muß gelten, daß jeder Käfig oder jedes Terrarium so groß bemessen sein muß, daß eine abwechslungsreiche Umgebung gestaltet werden kann, und daß zudem ausreichend Platz zum Klettern, Fliegen, Graben oder Schwimmen und Tauchen besteht. Keinesfalls dürfen nur Mindestanforderungen, die gerade zum Überleben des Tieres beitragen, bei der Kaufentscheidung berücksichtigt werden.

Rücksichtslose Nachfrage – skrupellose Vermarktung

Ein besonders schlimmes Beispiel für die skrupellose Vermarktung von Heimtieren bieten die etwa fünf Millionen Rotwangenschildkröten, die pro Jahr aus Nordamerika nach Europa eingeführt werden.

Die Tiere von der Größe eines Fünfmarkstückes kommen aus speziellen Zuchtfarmen in Florida und Kalifornien und werden in Deutschland für ein Taschengeld verkauft. Hauptinteressentenkreis für diese schnellwachsenden Wasserschildkröten sind Kinder und Jugendliche, die gerade das Geld für die Anschaffung des Tieres aufbringen können. Zusatzkosten für Becken mit ausreichendem Wasservolumen, Umwälzpumpen sowie für UV-Lampen und Heizungen können sie sich nicht leisten. Die Tiere fristen einige Zeit unter den erbärmlich-

Abb. 6.1 Verhungerte Schlange. Todesursache: mangelndes Interesse des Tierhalters

Abb. 6.2 Verdurstete Vogelspinne

sten Zuständen in irgendwelchen Wassereimern ihr Dasein und verenden nach nur wenigen Monaten. Seit Jahren ist dieser Mißstand bekannt, doch Rotwangenschildkröten werden immer noch zu Spottpreisen verkauft.
Opfer des wachsenden Interesses am Besitz ungewöhnlicher exotischer Tiere sind seit circa 2 Jahren aber auch vermehrt Vogelspinnen. So bietet ein Schweizer Händler in seiner Verkaufsliste vom April 1992 54 verschiedene *»Spinnen-Artikel«* an. Das Angebot reicht von Wildfängen aus Mexico bis hin zu Nachzuchten und Kreuzungen zwischen verschiedenen Arten. Die Preisspanne reicht von 10 bis 250 Schweizer Franken; Umrechnungstabellen in Deutsche Mark und Französische Franc erleichtern den internationalen Handel *(Kasten)*.

> Aus dem Angebot:
> – Artikel Nummer: ...
> Brachypelma Albopilosa, Guatemala, 2–3 cm, sehr attraktive, groß werdende Art, nicht aggressiv, ideal auch für Anfänger. Preis: 30,– Schweizer Franken
> Nur solange Vorrat!
> Der Versand erfolgt per Nachnahme oder gegen Vorkasse zuzüglich der Versandspesen.

Diese exotischen, besonders bei Jugendlichen beliebten Tiere gelten als anspruchslos und einfach in der Handhabung. Hat man erst mal seine Scheu überwunden, so erntet man viel Bewunderung für den »mutigen Umgang mit den gefährlichen Tieren«. Nur wenige wissen, daß diese Tiere fast völlig ungefährlich sind. Ihr Gift kann nur Herzkranke oder Allergiker gefährden. Letztendlich verlieren die Tiere sowohl für den Besitzer als auch für den Außenstehenden den Reiz des Gefährlichen und Exotischen, werden kaum mehr beachtet und vernachlässigt.
Niemand nimmt Notiz vom langsamen Sterben der Spinnen. Wenn das lebensnotwendige Wasser in ihren Terrarien vertrocknet, dann verdickt sich auch ihr Blut, die Haemolymphe, zu einer breiigen, zähen Masse. Die Bewegungen werden immer langsamer, bis das Tier endlich stirbt. Zurück bleibt ein toter, mumifizierter Körper. Im Juni 1991 entdeckten Mitarbeiter des Tierschutzvereins München in einer Wohnung 13 solcher mumifizierter Vogelspinnen:
Alle waren bis zu ihrem Tod in winzigen Gefäßen gefangengehalten worden, die nur wenige Zentimeter größer waren als die Tiere selbst. Eine der Spinnen war besonders grausam gestorben: Der Besitzer hatte den Boden des nur 15 mal 15 Zentimeter großen Gefäßes mit feuchtem Katzensand ausgelegt. Als die Feuchtigkeit langsam verdampfte, verhärtete sich der Katzensand zu einer betonartigen

Masse, die die Beine der Spinne fest gefangenhielt. Bis zu ihrem Tod, vermutlich erst mehrere Wochen später, konnte sich die Spinne nicht mehr bewegen.
Die rücksichtslose Vermarktung dieser Tiere, die Sammelwut vieler Spinnenliebhaber und der rücksichtslose Einsatz von Insektiziden haben dazu geführt, daß bereits vor mehreren Jahren die erste Vogelspinnenart unter den Schutz des Washingtoner Artenschutz-Abkommens gestellt werden mußte *(Abb. 6.2)*.

Hintergründe des internationalen Vogelhandels

Unter den Schutz des Washingtoner Artenschutz-Abkommens fallen auch fast alle weltweit vorkommenden Riesenschlangen sowie eine große Zahl von Papageienarten. Die Zerstörung ihrer Lebensräume, die industrielle Vermarktung der Tierhäute zu Handtaschen, Schuhen oder Schmuck sowie die Sucht der Liebhaber, die seltensten Tiere besitzen zu müssen, haben zu dieser Schutzmaßnahme geführt. Bis vor wenigen Jahren standen exotische Vögel oben auf den Verkaufslisten der Zoofachhändler. Besonders begehrt sind heute immer noch Aras, Amazonen, Graupapageien und Kakadus. 1991 befanden sich allein in Nordrhein-Westfalen 14000 Graupapageien in Privatbesitz.
Obwohl heute davon auszugehen ist, daß in der Regel von fünf der freien Natur entnommenen Vögeln nur einer lebend das Zoogeschäft erreicht, besteht immer noch Bedarf an solchen Wildfängen. Etwa die Hälfte dieser Vögel stirbt beim Fang und beim Transport zum Flughafen. Andere ersticken, verhungern oder verdursten auf dem Flug nach Europa, USA und Japan. Die Überlebenden erwartet dann, nach einer oft mehrmonatigen, strapaziösen Quarantänezeit, ein Aufenthalt bei Groß- und Einzelhändlern, die oft keine artgemäßen Haltungsbedingungen zu bieten haben.
Aber auch später, beim Endabnehmer, sterben viele Vögel innerhalb kurzer Zeit durch unsachgemäße Haltung. Besonders belastend ist für sie das Fehlen eines Artgenossen, mit dem sie lebenswichtige, vererbte Verhaltensmuster ausleben können. Stereotype Verhaltensmuster und Federrupfen sind gerade bei einzelgehaltenen Papageien die Folge. Doch davon ist in Verkaufsanzeigen natürlich nicht die Rede *(Kasten, S. 113)*.
Solche Verkaufsanzeigen sind in Fachzeitschriften leider immer noch an der Tagesordnung und belegen, daß ein ungebrochenes Interesse an exotischen Vögeln besteht. Vogelimporteure können ihr Geschäft

mit wildgefangenen Exoten weiterführen, weil viele Käufer Natur- und Artenschutzprobleme einfach ignorieren. Jeder Käufer, der meint, er müsse unbedingt einen exotischen Vogel sein eigen nennen, sollte sich genauestens über die Herkunft seines Tieres erkundigen.

Wir geben ab: Papageien, Sittiche, tropische Vögel, Beos, Wild-, tropische Tauben, Nektarvögel usw.
Immer 5000 bis 10000 Vögel auf Vorrat

Achtung, Zoohändler
Dunkelrote Aras, Gelbbrustaras, Rotbaucharas, Rotbugaras, Venezuelaamazonen, Mohrenkopfpapageien, Orangeköpfchen, Salomonen-Edelpapageien, Salomonen-Kakadus usw.

Nur wenn diese Regeln eingehalten werden, besteht eine Chance, die Ausrottung bedrohter Vogelarten zu unterbinden und tierquälerische Transporte über Tausende von Kilometern zu verhindern. Ein weiteres ist zu bedenken: Wer tatsächlich meint, er müsse einen Papagei haben, sollte nicht vergessen, daß manche Arten ohne weiteres 60 Jahre alt werden können...

7,8 Millionen Ziervögel wurden 1990 in Deutschlands Haushalten gehalten – zum großen Teil Wellensittiche und Finken. Nur wenige Leute wissen, daß auch diese Tiere oft im internationalen Vogelhandel leiden müssen. Zusammen mit dem Biologen Reiner Rosenfeld habe ich Recherchen über die Herkunft dieser Tiere angestellt. Fündig wurden wir in Karachi in Pakistan. Von hier werden jährlich Zehntausende Wellensittiche und Finken nach Deutschland verschickt.

Während die Wellensittiche in dunklen Hinterhöfen Karachis und Umgebung von Privatleuten unter erbärmlichen Bedingungen gezüchtet werden, fängt man den Großteil der ebenfalls aus Pakistan kommenden Finken in der freien Natur. In Lagern werden die Tiere für den Export gesammelt. Zu Tausenden werden sie in Volieren zusammengepfercht, um in kleinen Transportkisten international verschickt zu werden. Besonders bei den Finken fordert diese Behandlung ihren Tribut. Zu Hunderten verenden sie bereits in den Volieren der Sammellager der pakistanischen Exporteure.

In Ländern wie Pakistan können sogar die »abstraktesten« Wünsche der Kunden befriedigt werden, weil die Arbeitszeit fast nichts kostet. Zum Beispiel können es sich die Händler leisten, die Vögel ganz nach Belieben anmalen zu lassen. Entsprechend dem gerade vorherrschenden Geschmack werden Vögel bei lebendigem Leib mit Tupfen, Streifen oder mit farbigen Häubchen »verschönert«. Möglichst bunt und auffällig müssen sie sein, damit sie sich in Europa gut an den Mann bringen lassen. Die Frage, ob denn diese »Verschönerungsaktion« wirklich notwendig sei, um die Tiere verkaufen zu können, beantwortete uns ein großer pakistanischer Exporteur mit orientalischer Freundlichkeit: *»Selbstverständlich, auch Frauen schminken sich, um Männern zu gefallen.«*

Jedem sein Krokodil in der Badewanne?

Seit der Handel mit exotischen Vögeln im Kreuzfeuer der öffentlichen Kritik steht und Preise für artengeschützte Tiere ins Extreme gestiegen sind, hat sich ein anderer Bereich des Tierhandels, der Handel mit Reptilien und Amphibien, stark entwickelt. Immer mehr »Liebhaber« fühlen sich dazu berufen, vom Aussterben bedrohte Reptilien und Amphibien in ihren Wohnzimmern zu halten und zu züchten *(Abb. 6.3)*.

Das ständig steigende Interesse an der Haltung von Reptilien wird auch durch die Besuchermassen deutlich, die sich seit einiger Zeit auf regionalen, nationalen und internationalen Reptilienbörsen einfinden. Hier können die meist artengeschützten Tiere zum Verkauf ausgestellt und Informationen über die Haltung und Zucht der Tiere ausgetauscht werden. Aber leider werden solche Börsen immer öfter für den illegalen Handel mit artengeschützten Tieren mißbraucht. Schlangen, Echsen oder sehr seltene, giftige Baumfrösche werden unterderhand ohne entsprechende Papiere gehandelt. Die Gefahr, bei diesem illegalen Handel entdeckt zu werden, ist gleich Null, denn Vertreter der Naturschutzbehörden, die zur Überprüfung solcher Veranstaltungen verpflichtet wären, trifft man dort nur sehr selten.

Enorme Gewinnspannen machen den illegalen Handel besonders interessant. So schmuggelte 1989 bis 1991 ein »Reptilienliebhaber« gleich Dutzende von artengeschützten Strahlen- und Spinnenschildkröten sowie seltene Madagaskar-Boas nach Deutschland. In Madagaskar konnte er die Tiere für nur ca. 15 Mark einkaufen – in Deutschland kosten sie unter Liebhabern 1500 Mark.

Im Jahr 1991 wurden Mitarbeiter des Münchener Tierschutzvereins von einem Hausverwalter in eine Wohnung gerufen. Ursprünglich wollte er nur nach dem Rechten schauen, weil er wußte, daß der Mieter für mehrere Wochen verreist war. Dann entdeckte er in dem nur 16 Quadratmeter großen Appartement 52 Schlangen. Später stellte sich heraus, daß fast alle Schlangen, die unter teilweise katastropha-

len Bedingungen gehalten wurden, nach Deutschland geschmuggelt worden waren. Es handelte sich um grüne Baumpythons, die jeweils einen Wert von 1000 Mark haben.
Das Interesse an exotischen Tieren ist ungebrochen groß. Im September 1991 veröffentlichte der nordrhein westfälische Umweltminister Klaus Matthiesen Zahlen über die Haltung exotischer Tiere. Allein in seinem Amtsbereich sind demzufolge 48000 Tierhalter gemeldet, die 218000 exotische Wildtiere besitzen. Darunter befinden sich 4500 Boas, 1400 Pythons, 550 Sandottern, 850 Äskulapnattern, 2300 Leguane, 2700 Bartagamen sowie 2600 Giftfrösche. Aber auch exotische Säugetiere wurden aufgeführt: 120 Affen und Halbaffen, 60 Wölfe, 14 Jaguare und 14 Java-Leoparden.
Kein Wunder bei dieser unglaublichen Anzahl von exotischen Tieren, daß sowohl Veterinärämter wie Tierschutzvereine immer wieder auf eklatante Mißstände bei der Haltung von Reptilien und Amphibien stoßen. Immer öfter müssen sie Tieren helfen, die in vollkommen verdreckten Terrarien eingesperrt sind oder unter schweren Mangelerscheinungen leiden. Denn oft ist die Freude des »Liebhabers« an seinem fremdartigen Hausgenossen recht kurz. Besonders gravierend ist die Tatsache, daß sich viele Reptilien in fortgeschrittenen Krankheitsstadien befinden, ohne daß dies die Besitzer bemerkt hätten. Viele sind mit der Betreuung der Tiere vollkommen überfordert.

Ohne Rücksicht auf Verluste: Aussetzen von Tieren

Es kann nicht verwundern, wenn gerade in der letzten Zeit die Hilfe von Tierheimen immer öfter in Anspruch genommen werden muß. Denn spätestens, wenn Riesenschlangen zu groß oder zu aggressiv werden, stehen »Reptilienliebhaber« vor einem unlösbaren Problem. Wohin mit dem meterlangen Tier, das man vor einigen Monaten als »kleinen Wurm« samt Terrarium günstig erworben hat? Wohin mit einer 3,5 Meter langen Tigerpython, die vom Besitzer bei einer Wohnungsräumung einfach zurückgelassen worden ist?
Zoologische Gärten sind, was Reptilien und Amphibien betrifft, voll ausgelastet. Sie können keine weiteren Tiere aufnehmen. Privatpersonen, die die Voraussetzungen für die Unterbringung von großen Schlangen erfüllen, sind sehr rar. Außerdem stellen Reptilien besondere Ansprüche an Haltungssysteme, Luftfeuchtigkeit, Temperatur

Abb. 6.3 Neues Zuhause eines kleinen Mississippi-Alligators: die Plastikwanne

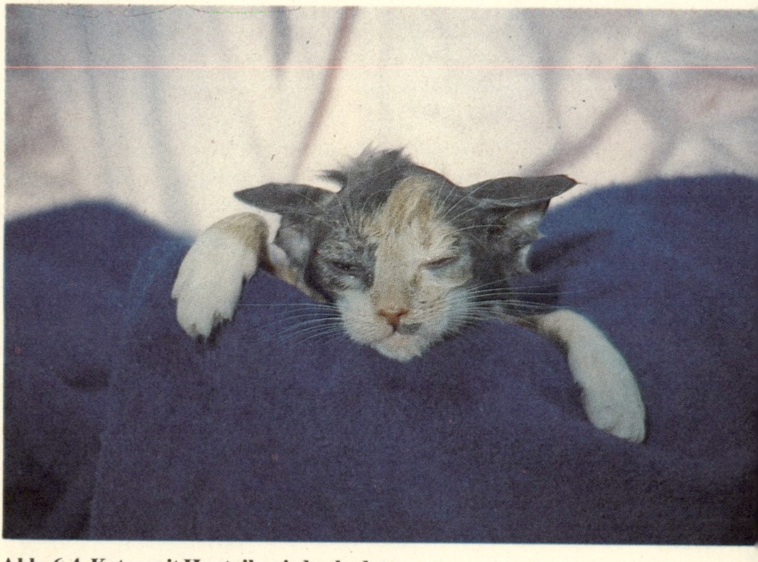

Abb. 6.4 Katze mit Hautpilz wird gebadet

und den UV-Anteil der Beleuchtung. Es ist nicht jedermanns Sache, Reptilien mit lebendigen Mäusen, Ratten oder Kaninchen zu füttern. Nur selten finden sich im Bekanntenkreis Personen, die bereit sind, die Problemtiere zu übernehmen.
Wenn kein Tierheim in der Nähe ist, in dem das Tier vorübergehend untergebracht werden kann, wählen verantwortungslose Tierhalter den oft letztmöglichen Ausweg: In einer stillen Stunde wird das Tier einfach in der freien Natur ausgesetzt. Dazu äußert sich auch das Tierschutzgesetz *(Kasten)*.

> §3 Absatz 3 des Deutschen Tierschutzgesetzes
> Es ist verboten, ein im Haus, Betrieb oder sonst in der Obhut des Menschen gehaltenes Tier auszusetzen oder es zurückzulassen, um sich seiner zu entledigen.

Leider werden Verstöße gegen diesen Paragraphen des Tierschutzgesetzes nur als Ordnungswidrigkeit geahndet. Trotzdem sollte eine mögliche Geldstrafe in der Höhe von 10000 Mark Abschreckung genug für Tierhalter sein, sich ihrer Verantwortung für ihre Tiere auf diesem Weg zu entledigen. Es ist bekannt, daß Tiere – vornehmlich Hunde und Katzen – in der Ferienzeit ausgesetzt werden, damit Herrchen und Frauchen ungestört in den Urlaub fahren können. Aber gerade in den letzten Jahren werden immer öfter Tiere auch außerhalb der Urlaubszeit ausgesetzt.
Sicherlich gibt es viele Gründe, warum Tiere nicht mehr gehalten werden können. So kann es Probleme bei der Wohnungssuche geben, wenn man Hunde- oder Katzenbesitzer ist. Immer mehr Vermieter verbieten – leider – generell jede Tierhaltung. Tiere werden aber auch bei nachbarschaftlichen Auseinandersetzungen zu Streitobjekten. Weil der Hund manchmal bellt, und weil eine Kündigung droht, muß er letztendlich verschwinden.
Wird der vormals süße, kleine Hundewelpe immer größer, entwickelt er einen eigenen Willen und möchte spazierengeführt und betreut werden, wird das mitunter einem Herrchen oder Frauchen zuviel. Manchmal trennt der Besitzer sich dann von dem Tier, indem er es einfach aus einem fahrenden (!) Auto wirft oder vor einem Supermarkt anbindet.
Keiner dieser Gründe darf als Entschuldigung gelten, daß Tiere ins Elend gestoßen werden, denn das Aussetzen von Tieren, egal in welcher Form, ist eindeutige Tierquälerei. Zum einen sind die Tiere vom Hungertod bedroht, weil sie es gewöhnt sind, regelmäßig mit Futter versorgt zu werden. Weder für Katzen noch für Hunde ist es einfach,

sich auf Müllhalden und aus Mülltonnen zu ernähren. Zum anderen werden streunende Hunde oder Katzen oft das Opfer übereifriger Jäger, die meinen, den Wildbestand vor solchem »Ungeziefer« schützen zu müssen. Aber auch die Witterung – winterliche Kälte, Aprilregen usw. – macht solchen, ans Haus gewöhnten Tieren schwer zu schaffen. Werden tropische, exotische Tiere in unseren Breiten ausgesetzt, so bedeutet das für sie in den kalten Wintermonaten fast immer den Tod *(Abb. 6.4)*.

Die letzte Hoffnung: Tierheime

Diese Schmerzen und Leiden ließen sich vermeiden, wenn die Tiere in einem Tierheim abgegeben würden. Denn hier können sie weitgehend artgerecht untergebracht, ernährt und so lange betreut werden, bis neue Besitzer sich der Tiere annehmen. In Deutschland gibt es derzeitig ca. 280 Tierheime mit Kapazitäten von bis zu 1000 Tieren und eine fast unüberschaubare Anzahl von Tierpensionen, in denen speziell zur Ferienzeit die geliebten Vierbeiner, Vögel oder Fische abgegeben werden können.

Gerade in den verschiedenen Kategorien der Tierpensionen, die von einfachen bäuerlichen Betrieben bis hin zu Tierhotels mit drei, vier oder fünf Sternen reichen, spiegelt sich die teilweise verrückte »Tierliebe« vieler Menschen wider. Oft ist das Beste gerade gut genug. Nicht nur zu Hause werden viele Tiere zu sehr vermenschlicht, auch in den Tierhotels muß garantiert sein, daß der Liebling nur auf seidenen Kissen ruht und erlesenes »Essen« genießen darf.

Aber nicht immer spiegelt sich die Bereitschaft, viel Geld für das »Hobby-Tier« auszugeben, in der Tierliebe wider. Genausooft werden Rassehunde einfach in Tierheimen abgegeben, damit man sich einen gerade modischen, neuen Hund zulegen kann. Seltene Neuzüchtungen sind besonders begehrt. So ist es zu erklären, daß der Handel mit Rassehunden blüht, wie eine Annonce zeigt *(Kasten)*.

Allein 29 Hunderassen werden vom größten niederbayerischen Hundehändler in einer Anzeige angeboten. Einige der aufgeführten Rassehunde werden inzwi-

> Aus einer Annonce:
> Rassehunde
> Boxer, Dobermann, Golden Retriever, Leonberger, Berner Sennen, Briard, Sib. Husky, Samojede, Bernhardiner, Riesen-, Mittel- und Zwergschnauzer, Dt. Schäfer langhaar, Chow-Chow, Kl. Münsterländer, Wolfsspitz, Bullterrier, Rhodesian Ridgeback, Collie, Sheltie, Pon, Irish Setter, Toy-Pudel, Pekinese, Lhasa Apso, Westhighland Terrier, Yorkshire Terrier, Malteser, Dackel.

schen von Tierschutzorganisationen als Qualzüchtungen angesehen, weil sich aus dem Zuchtstandard oft schwerwiegende Probleme für die Tiere ergeben: Boxer und Pekinesen leiden unter angezüchteter Kurzatmigkeit, Bernhardiner und Schäferhunde leiden auffallend häufig unter Hüftdysplasie, und Bullterrier und Rhodesian Ridgeback sind mit einem auf Aggressivität ausgelegten Wesen behaftet *(Abb. 6.5)*. Müßte es nicht selbstverständlich sein, daß solche Hunderassen nicht mehr weitergezüchtet werden? Sicherlich kann nicht allein den Züchtern die Schuld gegeben werden, denn wie überall bestimmt auch hier die Nachfrage das Angebot. Doch welcher Käufer weiß schon, daß die roten Augen der Bassets durch eine chronische Bindehautentzündung hervorgerufen werden, oder daß bei Möpsen wegen des rundlichen Kopfes Welpen nur noch mit Kaiserschnitt entbunden werden können?

Hundezucht im Hinterhof

Genausowenig wissen die meisten Hundeliebhaber, daß viele Welpen, die in Fachzeitschriften oder auch im Handel angeboten werden, in feuchten und schimmligen Baracken geboren worden sind. Die meisten Hundezuchten dieser Kategorie gibt es wohl in Niederbayern. Hunde zu züchten ist ein beliebter Nebenerwerb. Wer mit dem Auto durch Niederbayern fährt, sieht allerdings nicht mehr Hunde als anderswo auch. Was sich hinter den Häusern und Höfen abspielt, ist vom Auto aus auch nicht zu sehen. Dort aber werden die Hunde gezüchtet: nicht selten in zugigen Bretterverschlägen, ausgedienten Schweineställen oder Geräteschuppen.
Hunde jeder Größe und Rasse fristen in solchen Hinterhöfen ein erbärmliches Dasein. Oft sind sie abgemagert, krank und zerschunden. Die Hündinnen sind nur Mittel zum Zweck: Sie sollen möglichst viel Nachwuchs »produzieren« *(Abb. 6.6)*. Warum schreiten die Behörden nicht ein? Diese Mißstände sind Landratsämtern seit Jahren bekannt. Die Möglichkeit bietet das Tierschutzgesetz *(Kasten)*.
Die Erlaubnis, so heißt es weiter im 2. Abschnitt des Gesetzes, darf

> Tierschutzgesetz, § 11
> (1) »Wer
> 1. Wirbeltiere zu Versuchszwecken züchten oder halten,
> …
> 3. gewerbsmäßig
> a. Hunde, Katzen oder sonstige Heimtiere züchten oder halten
> …
> will, bedarf der Erlaubnis der zuständigen Behörde.«

Abb. 6.5 Ein sogenannter Kampfhund

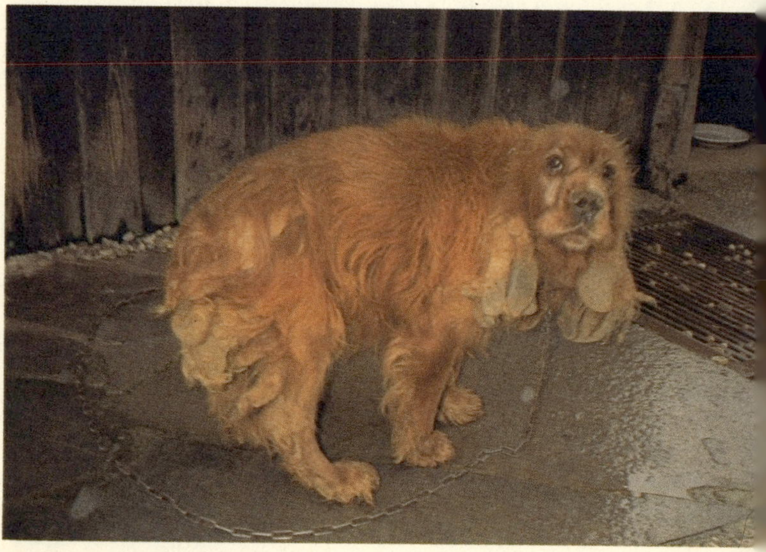

Abb. 6.6 Hund aus Hinterhofzucht

nur erteilt werden, wenn der Antragsteller die erforderlichen Kenntnisse und Fähigkeiten hat sowie die erforderliche Zuverlässigkeit, und außerdem das Tier angemessen pflegen und unterbringen kann. Genehmigen oder ablehnen kann die Behörde allerdings nur dann, wenn sie von einer Zucht erfährt. Und das ist bei der Hinterhofzucht von Hunden oft nicht der Fall, wenn das Landratsamt nicht selbst nachforscht.

Chinchillas: Das stille Sterben auf deutschen Dachböden

»Viel Geld verdienen Sie durch Heimzüchtungen von Edelpelztieren. Ohne Risiko. Sie benötigen einen Raum ab 10 Quadratmeter.« Mit solchen und ähnlichen Zeitungsanzeigen werben Chinchillafarmen um private Züchter. *»Es fühlt sich in normal hellen, trockenen Kellerräumen besonders wohl«*, heißt es im Werbeprospekt einer großen Chinchillafarm. Sprich: Jeder kann die kleinen Pelztiere in Keller oder Garage problemlos züchten.

Die possierlichen Chinchillas sind etwas kleiner als Kaninchen. Etwa hundert farblich passende Felle werden benötigt, um einen Pelzmantel herzustellen. Ein solcher Mantel kann dann durchaus hunderttausend Mark kosten. In Werbeanzeigen werden Chinchillapelze aus diesem Grund als »Krone der Eleganz« bezeichnet.

Knapp 5000 Mark kostet eine Zuchtgruppe, bestehend aus vier weiblichen und einem männlichen Tier, inklusive der Käfige, in denen die Tiere gehalten werden *(Abb. 6.7)*. Die Chinchillafarmen versprechen dem privaten Züchter, den Nachwuchs lebend zurückzukaufen, zu »pelzen«, d. h. schlachten, und zu vermarkten. Manche garantieren sogar Festpreise von 110 Mark pro Jungtier. Viele Züchter kaufen gleich mehrere Zuchtgruppen, denn die versprochene Rendite ist verlockend: Das angelegte Geld soll sich binnen fünf Jahren verzehnfachen. Das Ganze wird rundum vertraglich abgesichert.

Oft stellt sich das Geschäft bald als Betrug heraus. Chinchillas sind nicht so einfach zu halten, wie die Werbeprospekte der Firmen das versprechen. Chinchillas sind sehr springfreudige Tiere, ihre Heimat sind die Wälder Südamerikas. Nachdem sie dort wegen ihres seidenweichen Fells nahezu ausgerottet wurden, ist man auf die Idee gekommen, sie in Käfigen zu züchten. In der Regel teilt sich ein Muttertier den Drahtkäfig mit den Maßen $35 \times 60 \times 30$ mit den Jungen. Von

Abb. 6.7 Chinchillas auf dem Dachboden

Abb. 6.8 ohne Kommentar

Wohlfühlen im Käfig, wie das den Privatleuten weisgemacht wird, also keine Spur *(Abb. 6.8)*.
Und robust, wie die Geschäftsleute in ihren Verkaufsannoncen die Tiere beschreiben, sind Chinchillas schon gar nicht. Sie vertragen weder zu hohe noch zu niedere Temperaturen, noch Luftzug. Wenn eine dieser Bedingungen nicht stimmt, liegen morgens tote Tiere im Käfig, und der Privatzüchter weiß noch nicht einmal warum. Das ist nicht verwunderlich: Während es in der »Haltungsanleitung« der einen Firma heißt, die Tiere fühlten sich bei einer Temperatur von 12–15 Grad wohl, raten andere Chinchillafarmen zu 16–30 Grad.
Ähnlich verhält es sich mit dem Futter für die Tiere. Chinchillas haben nicht die gleichen Eßgewohnheiten wie Hasen, was der private Züchter oft fälschlicherweise annimmt. Ist das Futter zum Beispiel feucht, sterben die Tiere. Wir haben bei den Arbeiten zum Film *»Vom Elend der Nutz-Tiere«* viele solche Fälle mit Unterstützung des Leiters des Umweltamtes Schwerin, Dr. Edmund Haferbeck, gesammelt. Überall dasselbe Bild:
Tote Tiere, die Züchter wissen nicht warum. Und kontrolliert werden diese Dachboden- und Garagenzuchten nicht, weil man im Bundesministerium für Ernährung, Landwirtschaft und Forsten der Ansicht ist, private Pelztierzuchten würden nicht unter den § 11 des Tierschutzgesetzes fallen. Das bedeutet, die privaten Züchter brauchen keine tierschutzrechtliche Genehmigung, um Chinchillas zu züchten. Niemand erfährt vom tausendfachen Tod der Tiere auf Dachböden oder in Kellern.

Was können wir tun?

- Wenn Sie sich unbedingt ein exotisches Haustier anschaffen möchten, darauf achten, daß es aus einer Zucht im Inland stammt und nicht wild gefangen wurde.
- Die Tier- und Naturschutzverbände fordern beispielsweise seit langem ein Importverbot für exotische Vögel. Unterstützen Sie diese Anstrengungen.
- Natürlich gezüchtete Tiere kaufen. Wenn Sie Hunde kaufen, deren Äußeres durch Zucht so verändert wurde, daß das Tier ständig leiden muß, fördern Sie weitere Qualzuchten.
- Erkundigen Sie sich nach der Herkunft, wenn Sie ein Haustier kaufen. Keinesfalls Hunde, Katzen oder andere Tiere per Post bestellen.

- Wenn Sie sich ein Tier anschaffen möchten, überlegen Sie vorher genau, ob Sie diesem Tier einen angemessenen Lebensraum bieten und auch die entsprechende Zeit widmen können. Wer sich ein Tier anschafft, sollte bereit sein, ein Tierleben lang die Verantwortung auf sich zu nehmen, die die »Anschaffung« eines solchen Hausgenossen mit sich bringt.
- Ein Tier, das Sie nicht mehr halten können oder wollen, nicht einfach aussetzen, sondern in ein Tierheim bringen.

Vorschriften zur Heimtierhaltung

1. Nationale Vorschriften

a) Tierschutzgesetz
   § 2: allgemeine Anforderungen an die Tierhaltung
   § 3: verbotene Handlungen an Tieren
   § 4: Töten von Tieren
   § 11: Erlaubnispflicht für das gewerbsmäßige Züchten, Halten und Handeln mit Tieren
   § 11b: Qualzuchtverbot
b) Verordnung über das Halten von Hunden im Freien (Überarbeitung in Vorbereitung)
c) Allgemeine Verwaltungsvorschrift zur Durchführung des Tierschutzgesetzes (Regelung des Erlaubnisverfahrens nach § 11 Tierschutzgesetz)
d) – Gutachten über die tierschutzgerechte Haltung von Säugetieren (in Zoos u. ä.)
   – Leitlinien für die Haltung, Ausbildung und Nutzung von Tieren in Zirkusbetrieben oder ähnlichen Einrichtungen

2. Europarat

Europäisches Übereinkommen zum Schutz von Heimtieren.

7. Tierschutz gestern – heute – morgen *

Die Ziele und Forderungen der Tierschutzbewegung haben sich in den vergangenen 110 Jahren seit Gründung des Deutschen Tierschutzbundes nicht nur sachlich geändert, sondern sie haben auch ganz andere Dimensionen angenommen als noch vor fünfzig oder hundert Jahren.

Ging es dem »anthropozentrischen Tierschutz« zunächst noch vor allem um das moralische Empfinden der Menschen – man war der Ansicht, daß jegliche Tierquälerei, ob selbst ausgeübt oder bei anderen beobachtet, zur Verrohung des Menschen und speziell der Jugend führen würde, weshalb sie abgelehnt wurde –, so setzte sich mit der Forderung nach einem »humanen« Umgang mit Tieren und der Forderung nach dem Schutz der Tiere um ihrer selbst willen mehr und mehr der ethische Tierschutzgedanke durch. Die längst überfällige Erkenntnis, daß Tiere schmerz- und leidensfähige Mitlebewesen sind, führte dazu, den Tieren in unserer Gesellschaft zu mehr Gerechtigkeit zu verhelfen.

Wurde vor hundert Jahren noch die rohe Mißhandlung eines Tieres nur deshalb strafrechtlich verfolgt, weil sie als »öffentliches Ärgernis« galt, so ist heute doch immerhin die Tierquälerei als solche strafbar – nicht erst dann, wenn sie öffentlich wird. Tiere werden heute im Bürgerlichen Gesetzbuch nicht mehr als »Sachen« bezeichnet, sondern als »schmerz- und leidensfähige Mitgeschöpfe«. Daran zeigt sich ein Wandel im Bewußtsein der Öffentlichkeit, zumindest wird der Versuch unternommen, die Stellung der Tiere in unserer Gesellschaft zu verbessern.

Mitte des vorigen Jahrhunderts galt der Kampf der Tierschützer zunächst vor allem den ganz offensichtlichen Fällen von Tierquälerei – etwa der schlechten Behandlung der Grubenpferde in England oder aber dem brutalen Umgang mit Zugpferden, grausamen Schlachtmethoden, der Mißhandlung von Haustieren. Bereits mit der beginnenden »Vivisektion« kamen Tierquälereien hinzu, die für die Öffentlichkeit nicht so ohne weiteres offensichtlich waren, und wo es

* Der Autor: Wolfgang Apel, Vizepräsident des Deutschen Tierschutzbundes (Bonn).

zusätzlicher Aufklärungsarbeit bedurfte, wenn die »Anti-Vivisektionisten« Unterstützung für ihr Anliegen erhalten wollten.
Im Zuge der fortschreitenden Industrialisierung und der Überbewertung von Forschung und Technik wurde das Tier nicht nur in der Forschung, sondern auch in anderen Bereichen, wie der landwirtschaftlichen »Nutztierhaltung« beispielsweise, zunehmend zum »Wegwerf-Produkt« degradiert.
Was an Tierquälerei von der Gesellschaft akzeptiert wird, ist eine Frage der ethischen Grundeinstellung – und der Information. Emotionales Mitfühlen war und ist auch heute noch sehr wichtig im Bereich des Tierschutzes. Mitgefühl alleine reichte schon damals nicht aus, wenn Verbesserungen zugunsten der Tiere durchgesetzt werden sollten – und heute, wo die Lobby derer, die im Tierschutz ihren Erzfeind und Kontrahenten sehen, unendlich groß geworden ist, genügt es schon gar nicht mehr.
Der Deutsche Tierschutzbund als größte Dachorganisation des Tierschutzes in Deutschland hat seine Forderungen zum Schutz des einzelnen Tieres in den vergangenen Jahrzehnten in zunehmendem Maße, von der überwiegend emotional mitfühlenden Betrachtung ausgehend, auch wissenschaftlich fundiert begründet. Als Dr. Andreas Grasmüller im Jahre 1979 zum Präsidenten des Deutschen Tierschutzbundes gewählt wurde, erhielt der bis dahin doch sehr zurückhaltende – und in wissenschaftlicher Hinsicht häufig auch überforderte – Tierschutz ganz neue Perspektiven. Nicht nur in bezug auf die Darstellung der Tierschutzprobleme, sondern vor allem auch, was die inhaltlichen Forderungen betrifft, wurden neue Wege eingeschlagen. So kann der Tierschutz heute, was die wissenschaftlich fundierte Argumentation betrifft, ohne weiteres als »professioneller Tierschutz« bezeichnet werden.
Alsbald wurde der Deutsche Tierschutzbund, wenn auch schrittweise, umorganisiert und mit hauptamtlichen, wissenschaftlich ausgebildeten Fachkräften ausgestattet. So konnte man den von zahlreichen Kontrahenten aufgestellten Thesen darüber, was denn nun »tiergerecht« sei, mit wissenschaftlich fundierter Argumentation begegnen – seien es die Tierexperimentatoren oder die Massentierhalter, die Tierzüchter, Tiertransporteure oder Schlachthofbetreiber, die Pelzindustriellen, die Zoo- und Zirkusvertreter, kommerzielle Pferdehalter oder Freizeit-Tiernützer wie Jäger und Wettangler.
Angesichts der Heerscharen von Beamten, die in den Ministerien auf europäischer, auf Bundes- und auf Landesebene mit der Ausarbei-

tung und Vorbereitung immer neuer Verordnungen und Gesetzesvorhaben befaßt sind, war es in zunehmendem Maße notwendig, dem Verband eine professionelle Struktur zu geben, um die begründeten Forderungen einbringen zu können. Mit der mit wissenschaftlichen Mitarbeitern besetzten Fachabteilung und seiner Akademie für Tierschutz als Forschungs- und Fortbildungsstätte verfügt der Deutsche Tierschutzbund heute über ein schlagkräftiges Instrumentarium, um seine Forderungen fachlich qualifiziert zu begründen.

Der ursprünglich in erster Linie am Schutz der Haustiere orientierte Tierschutz hat sich damit auf alle tierschutzrelevanten Bereiche ausgedehnt. Die über 600 Mitgliedsvereine des Deutschen Tierschutzbundes, die sich in harter und in aller Regel ehrenamtlicher Arbeit aufopferungsvoll »vor Ort« um den Schutz des einzelnen Tieres bemühen, konnten problemlos für die weitergehende Aufgabenstellung gewonnen werden. Sie sind »an der Basis« als nicht wegzudenkende Multiplikatoren tätig und tragen erheblich dazu bei, daß die Öffentlichkeit sensibilisiert wird.

Das Vorurteil, Tierschützer kümmerten sich ausschließlich um Hunde und Katzen, was unsere Gegner gerne sähen und was sie der Öffentlichkeit zu suggerieren versuchen, ist in der Bevölkerung bereits zum großen Teil abgebaut. Die qualifizierten Aussagen der Tierschützer zu Problemen wie der Tierversuchspraxis oder der tierquälerischen Intensivhaltung der sogenannten »Nutztiere« sowie des Arten- und Naturschutzes finden immer mehr Beachtung – in der Gesellschaft und auch bei den Medien – und überzeugen immer mehr Menschen für unser Anliegen. Dies ist eine der wichtigsten Aufgaben, die sich der Deutsche Tierschutzbund gestellt hat: die Verbraucheraufklärung. In letzter Konsequenz zeigt es sich, daß alle Bemühungen, für das schmerz- und leidensfähige Mitgeschöpf Tier ein tiergerechtes Leben zu ermöglichen, nur durch den Druck der »Konsumenten« erfolgreich sein können.

Die Politiker jedenfalls sind ihrer Verantwortung für die Schöpfung in der Vergangenheit nicht gerecht geworden. Sei es, daß der Druck der »Tier-Nützer« auf sie zu groß war, sei es, daß sie sich das Ausmaß der tagtäglich begangenen Tierquälereien in Versuchslaboren, in der tierquälerischen Intensivhaltung oder in anderen Bereichen, wo Tiere für kommerzielle oder »sportliche« Zwecke eingesetzt werden, nicht vorstellen konnten, oder aber, daß sie schlichtweg uninformiert Entscheidungen getroffen haben.

Vielleicht ist es den politisch Verantwortlichen aber auch so ergangen, daß sie durch einseitige »wissenschaftliche« Aussagen unkritisch gemacht und in Abhängigkeit gebracht wurden. Wer gibt schon gerne zu, daß er nicht versteht, was ein Professor im weißen Kittel zu Papier gebracht hat. Und wer wagt schon zu widersprechen, wenn er befürchten muß, sein Gesicht zu verlieren oder »in Grund und Boden geredet« zu werden. Genau dieser Bequemlichkeit muß der Tierschutz entgegenwirken, indem er fachlich qualifizierte Gegenargumente erarbeitet und verbreitet. Dabei orientiert er sich allein am Verhalten und an den Bedürfnissen der Tiere.

Wenn man heute die umfangreichen Publikationen und Stellungnahmen des Deutschen Tierschutzbundes und seiner ›Akademie für Tierschutz‹ studiert und verfolgt, wie die sachlich fundierten Forderungen und Argumente zum Beispiel von den Medien aufgegriffen werden, so wird deutlich, daß der eingeschlagene Weg geeignet ist, gegen die schrankenlose Nutzung und Ausbeutung der Tiere etwas zu erreichen. Gleichzeitig werden aber auch konkrete Vorschläge erarbeitet, was zugunsten der Tiere besser gemacht werden könnte. Ein Beispiel hierfür ist das »Neuland«-Projekt, das der Deutsche Tierschutzbund initiiert hat. ›Neuland e. V.‹, der Verein für tiergerechte und umweltschonende Nutztierhaltung, wurde gemeinsam von Tier-, Umwelt- und Verbraucherschutzorganisationen, Landwirten und Dritte-Welt-Organisationen gegründet. Bei der Erarbeitung der detaillierten Richtlinien zur Tierhaltung standen die Bedürfnisse der Tiere im Vordergrund, und die Nachfrage nach »Neuland-Produkten« ist sehr groß – trotz des etwas höheren Preises. Ein Beispiel, das zeigt, daß es auch anders geht.

Mit den Forschungen der ›Akademie für Tierschutz‹ zeigt der Deutsche Tierschutzbund auch im Bereich der Tierversuche konkrete Wege auf, wie es gehen könnte. Ein Beispiel: der Fischtest nach dem Abwasserabgabengesetz. Statt daß die Industrie per Gesetz verpflichtet wird, die Gewässer, eine unserer wichtigsten Lebensgrundlagen, rein zu halten, werden routinemäßig schmerzhafte Versuche an Fischen durchgeführt, um die Höhe der Abgaben zu ermitteln, die die Betriebe für ihre Gewässerverschmutzungen zu entrichten haben. Der »Fischtest« ist im Abwasserabgabengesetz vorgeschrieben. Doch der Verschmutzungsgrad des Wassers könnte, wie die Forschungsarbeiten der ›Akademie für Tierschutz‹ zeigen, längst durch einen Test an Zellkulturen, also an schmerzfreier Materie, ermittelt werden. Für die Industrie wäre dies zunächst jedoch mit Investitionen verbunden, und so kommt von dort wenig Unterstützung. Das Beispiel zeigt, daß ein wenig mehr Kreativität bei politischen Entscheidungen gefragt ist.

Auf die Behauptung, sie seien über das wahre Ausmaß der Tierquälerei und über alternative Möglichkeiten nicht informiert gewesen, können sich die Politiker heute nicht mehr zurückziehen. Oder aber sie müssen sich vorwerfen lassen, ihren gesellschaftlichen Verpflichtungen nicht in ausreichendem Maße nachzukommen, denn Informationsdefizite hat der gewählte Volksvertreter selber zu verantworten. Wer sich seiner ethischen Verantwortung für das Leben – und Tiere sind schmerz- und leidensfähige Lebewesen – als gesetzgebendes Mitglied entzieht, der sollte auf ein solches Amt lieber verzichten.

Da die Politik allein offenbar nicht bereit ist, wesentliche Verbesserungen zum Schutz der Tiere zu beschließen bzw. einzuleiten, es sei denn, sie spürt den Druck aus der Bevölkerung, von den Wählern, ist es um so wichtiger, weiterhin und mit immer neuen Methoden den Verbraucher, den Konsumenten, den ethisch verantwortlichen Menschen zu erreichen. Dazu muß auch qualifiziert und verständlich deutlich gemacht werden, daß die sanktionierte Tierquälerei in jedem Fall zu Lasten des Menschen geht.

Wir erinnern beispielsweise an die gängige Tierversuchspraxis. Millionen Tierversuche werden Jahr für Jahr allein für die Entwicklung und Prüfung von Arzneimitteln durchgeführt. Dem Verbraucher vermittelt man damit ein völlig falsches Sicherheitsgefühl. Denn die Ergebnisse von Tierversuchen sind keineswegs auf den Menschen zu übertragen. Schon ganz geringe Mengen Atropin zum Beispiel sind für den Menschen äußerst giftig, für Ratten, Tauben, Ziegen und fast alle Kaninchenarten hingegen nicht. Strychnin, für den Menschen giftig, ist für Meerschweinchen und Affen unschädlich. Kaninchen, Hasen und andere Nagetiere verspeisen den für den Menschen tödlichen Knollenblätterpilz ohne jedes Problem. Sir Howland Florey, der zusammen mit Fleming und Chain den Nobelpreis für die Entdeckung des Penicillins erhalten hat, erklärt: *»Es war ein Glücksfall, daß wir bei den anfänglichen Toxizitätsprüfungen Mäuse verwendeten. Denn wenn wir nur Meerschweinchen verwendet hätten, würden wir zu dem Schluß gekommen sein, daß Penicillin giftig ist.«*

Sicherheitsprüfungen sind heute durchaus mit aussagekräftigen Testverfahren an schmerzunempfindlicher Materie möglich. Diese alternativen Methoden sind jedoch – und das macht ihre Einführung so schwierig – in der Anfangsphase teilweise etwas teurer als die »üblichen Tierversuche«. Ein Restrisiko bleibt auch bei dieser Methode immer. Es ist unverantwortlich, den Patienten etwas anderes einreden zu wollen.

Anstatt jedoch die Ursachen von Erkrankungen zu bekämpfen, werden immer neue Medikamente, wie auch Psychopharmaka, verschrieben, die teilweise zu Abhängigkeiten führen. Alljährlich treten in Deutschland über 100000 gesundheitliche Störungen durch Medikamente auf. Über 8000 Menschen sterben daran, wie unlängst die Untersuchungen anerkannter Wissenschaftler bestätigten. Allein in einem Jahr mußten 1040 Medikamente vom Markt zurückgezogen werden, obwohl sie vor ihrer Zulassung alle Testreihen durchlaufen hatten und in zahllosen Tierversuchen getestet worden waren. 10 Millionen Bundesbürger leiden an Allergien, die nicht durch Tierversuche verhindert werden konnten. »Im Tierversuch geprüft« werden die Produkte, die zu Allergien führen, dem Verbraucher als unbedenklich angeboten. Die wirklichen Ursachen, die zu den sogenannten »Zivilisationskrankheiten« führen, werden nicht bekämpft. Hierfür sorgt schon der Profithunger zum Beispiel der Pharma- und Chemieindustrie.

Auch die tierquälerische Intensivhaltung der sogenannten landwirtschaftlichen »Nutztiere« zeigt Auswirkungen, die sowohl für den einzelnen Menschen als auch für die Menschheit insgesamt verheerend sind. Denken wir nur an die Gülle, die überall dort anfällt, wo viele Tiere auf engstem Raum und ohne Einstreu zusammen gehalten werden. Die Böden sind mit Nitrat verseucht, das ins Grundwasser und in die Flüsse gelangt, die Meere werden überdüngt und veralgen.

Für die europäische Massentierhaltung werden Futtermittel aus Ländern eingeführt, in denen die Menschen verhungern. Da wird berechtigterweise Entwicklungshilfe gefordert, und Politiker zeigen sich als große »Gönner«, doch statt daß man den Menschen hilft, entzieht man ihnen ihre Nahrung und Lebensgrundlage. Anstatt Lebensmittel für die eigene Bevölkerung anzubauen, produzieren sie Futtermittel für die europäischen Länder, bzw. für die dortige tierquälerische Massentierhaltung, während in den Kühlhäusern der EG Getreideberge, Fleischhalden und Milchseen gehortet und vernichtet werden. Hinzu kommt, daß die riesigen, unstrukturierten Anbauflächen der industrialisierten Landwirtschaft den Lebensraum vieler Tier- und Pflanzenarten zerstören – ganz abgesehen von der Artenvernichtung durch Insektizid- und Herbizideinsatz.

Dies alles sollte den Verbraucher bereits davon abhalten, die Produkte der tierquälerischen Intensivhaltung zu kaufen. Und wenn er es tut, erweist er sich auch persönlich keinen Gefallen damit. Wo viele Tiere auf engstem Raum zusammengepfercht leben, ist die Gefahr der Krankheitsübertragung groß. Prophylaktisch werden daher mit dem Futter Medikamente, wie Antibiotika, verabreicht, oder man gibt zur Beschleunigung der Mast Hormone ins Futter. In Fleisch und Eiern bleiben Rückstände – ganz abgesehen von dem qualitativ ohnehin schlechteren »Produkt«.

Ein anderes Beispiel: Exotische Tierarten wie Papageien, Sittiche oder Echsen und andere Reptilien werden bis an die Grenze der Ausrottung gejagt, gefangen und als »Heimtiere« auch nach Deutschland exportiert. Schätzungen zufolge werden weltweit rund 750000 bis 1 Million Papageien im Jahr gehandelt. Millionen exotischer Wildvögel, 80% der wildgefangenen Vögel, sterben alljährlich einen qualvollen Tod noch während des Fangs oder beim anschließenden Transport in das Bestimmungsland mit allen seinen Zwischenstationen. Die großen afrikanischen Raubkatzen wurden ihres Felles wegen bis an den Rand der Ausrottung verfolgt und getötet. Auch heute noch dürfen Leoparden und Geparden legal abgeschossen werden.

Unzählige Tier- und Pflanzenarten werden durch die Abholzung der tropischen Regenwälder, die aus kommerziellen Gründen betrieben und trotz der immensen Proteste und Warnungen immer weiter fortgesetzt wird, ausgerottet – ganz abgesehen von den verheerenden Folgen, die diese Naturzerstörung für das Klima hat, wenn wir nur an das vieldiskutierte Ozonloch denken. Die Naturzerstörung in den Ländern der sogenannten Dritten Welt vernichtet Existenzen.

Neben den direkten Auswirkungen auf Mensch und Natur müssen aber auch die Folgen für das moralisch-ethische Empfinden der Gesellschaft und des einzelnen gesehen werden. Die gesellschaftlich akzeptierten Grausamkeiten an unseren Mitgeschöpfen aus wissenschaftlichem oder wirtschaftlichem Interesse könnte man auch als moralische Verlogenheit eines Kulturvolkes bezeichnen. So darf zum Beispiel heute noch jedermann mit Bezug auf die Forschungsfreiheit, aus reiner wissenschaftlicher Neugier, zur »Grundlagenforschung« Tiere quälen. Und dies mit Steuergeldern. Dort, wo ahnungslosen Menschen eingeredet wird, die Versuche wären »zum Wohle des Menschen«, ist in der Regel das Gegenteil der Fall.

Wo bleibt die vielgepriesene Humanität gegenüber den Tieren, die Achtung vor dem andersartigen Lebewesen, vor der Einzigartigkeit des Individuums, wenn gentechnische Manipulationen am Erbgut von Tieren, die mit unvorhersehbaren Folgen, Schmerzen und Leiden

für das entstehende neue Lebewesen verbunden sind, vorgenommen und von der Gesellschaft angeblich als Grundlagenforschung akzeptiert werden? Wenn gentechnisch veränderte Lebewesen auch noch als »Erfindungen« patentiert werden, wie in den USA bereits seit Jahren üblich und jetzt auch in Europa praktiziert, wird das Mitgeschöpf Tier endgültig zur beliebig manipulierbaren Sache degradiert. Um dem entgegenzutreten, müssen die Tier- und Naturschützer alle Kräfte mobilisieren und beim Europäischen Patentamt Einspruch erheben. Aus anderen Bereichen ist nur zu gut bekannt, wie schnell das, was in den USA üblich ist, auch in Europa eingeführt wird. Daß dies nicht immer positiv ist, soll hier nicht weiter ausgeführt werden.
Wer kann es heute noch hinnehmen, daß z. B. Pelztiere – der Mode wegen – in Käfigen gehalten, gequält und getötet werden, oder daß Schlachttiere aus kommerziellen Gründen schon beim Tiertransport auf das grausamste dahingequält werden. Wie kann unsere »zivilisierte« Gesellschaft es noch hinnehmen, daß Wildtiere als lebende Zielscheibe dienen und aus reiner Lust am Töten der organisierten Jagd zum Opfer fallen – denn mit einer verantwortungsvollen »Hege des Wildbestandes« hat die heutige Jagdpraxis wenig gemein – oder daß zur Befriedigung des persönlichen Ehrgeizes Wettfischveranstaltungen durchgeführt werden.
Können wir es verantworten, daß mit dem Geld der Touristen in Spanien, gegen den Willen der tierliebenden Bevölkerung, unter anderem noch immer blutige Stierkämpfe durchgeführt werden? Was bei uns, zum Glück, nicht sein darf, sanktionieren wir mit unserer Schaulust. Wäre dieses nicht so, dann hätten die Stierkampfarenen beispielsweise in Barcelona und Madrid längst geschlossen.
Nur dann, wenn jeder einzelne seine Einstellung zum Mitgeschöpf überprüft, die Augen nicht aus Bequemlichkeit oder Angst verschließt, sein Herz für die andersartigen Mitgeschöpfe öffnet und Tier- und Verbraucherschutzargumente einbezieht, wird das Ziel, das wir uns gesetzt haben, die staatlich sanktionierte Tierquälerei abzuschaffen, zu erreichen sein – wenn auch sicherlich nur Schritt für Schritt.
Um so wichtiger ist es, wie das ZDF in den vergangenen Jahren in großartiger Weise bewiesen hat, daß auch die Medien zur Aufklärung der Öffentlichkeit beitragen. Alle Forderungen und Zielsetzungen des Deutschen Tierschutzbundes sind nur durchzusetzen und zu erreichen, wenn die Öffentlichkeit darüber informiert ist und die Hintergründe kennt.

Besondere Anforderungen kommen mit dem gemeinsamen europäischen Binnenmarkt auf uns zu. Es reicht nicht aus, wenn einzelne Entscheidungsträger in Deutschland oft wie Pharisäer auftreten und achselzuckend auf die tierquälerischen Gesetze hinweisen, die inzwischen auf EG-Ebene verabschiedet werden. Wir müssen unsere nationalen Politiker motivieren, vorzupreschen. Die ständigen »Einlassungen« deutscher Politiker, man hätte gerne tierfreundliche Entscheidungen durchgesetzt, doch der Konkurrenzdruck in der Gemeinschaft und Wettbewerbsverzerrungen ließen dieses nicht zu, sind nicht nur ein Eingeständnis der eigenen mangelnden moralischen Einstellung zum Tier, sondern müssen als Pseudoargumente gewertet werden.

Der Kampf um bessere Gesetze muß zukünftig auf die EG-Ebene ausgeweitet werden. Hier kommt der europäischen Tierschutzbewegung, deren Zielsetzung der Deutsche Tierschutzbund inhaltlich entscheidend mitgestaltet und in der Vergangenheit bereits mitgestaltet hat, eine noch wichtigere Rolle zu. Viele in Deutschland bereits erzielte Erfolge zum Wohle der Tiere müssen auf EG-Ebene neu erkämpft werden. Dabei ist zu berücksichtigen, daß die Bürger der EG nicht nur einen unterschiedlichen Informationsstand, sondern auch verschiedene Grundeinstellungen zum Tier als Mitgeschöpf haben.

Wie schwierig der Kampf um mehr Tierschutz in Europa ist, hat sich am Beispiel der Richtlinie zum Transport von Schlachttieren gezeigt. Statt der dringend notwendigen, klaren Vorgaben über Transportzeiten, Transportfahrzeuge, Versorgung der Tiere sowie Begrenzung von Transporten enthält diese Richtlinie nur völlig unzureichende Bestimmungen. Auch der bei der Verabschiedung der EG-Kosmetikrichtlinien erzielte Kompromiß – obwohl bereits 1992 verabschiedet, soll ein Verbot von Tierversuchen für Kosmetikprodukte erst 1998 in Kraft treten – ist unbefriedigend, wenn auch ein Schritt in die richtige Richtung. Immerhin hat der gemeinsame Kampf für ein Verbot von Tierversuchen für kosmetische Produkte gezeigt, daß sich durch gezielte Aufklärungsarbeit bei den europäischen Bürgern schließlich auch auf EG-Ebene Druck ausüben und etwas bewegen läßt.

Außerordentlich bedauerlich ist es jedoch, daß sich infolge der, nicht zuletzt durch die enorme Vorarbeit des Deutschen Tierschutzbundes erreichten, zunehmenden Akzeptanz des Tierschutzgedankens in der Bevölkerung immer mehr »Pseudo-Tierschutz-Organisationen« bilden und als Trittbrettfahrer auf den fahrenden Zug aufspringen.

Sie tragen nicht nur zur Zersplitterung der Tierschutzbewegung bei, sondern bringen auch die Glaubwürdigkeit des Tierschutzes und seiner zahlreichen engagierten, ehrenamtlichen Mitstreiter in Gefahr.
Sicherlich wäre das Ausmaß vieler Tierquälereien ohne die konzentrierte Arbeit des Tierschutzes noch wesentlich größer. Doch der Kampf für die Tierrechte, das heißt für die Unversehrtheit des einzelnen Tieres, muß stets fortgesetzt und im Zuge des gemeinsamen Binnenmarktes noch wesentlich verschärft werden. Wer versucht, einen besseren Schutz der Tiere in der Europäischen Gemeinschaft durchzusetzen, dem wird schon im voraus entgegengehalten, man müsse schließlich konkurrenzfähig bleiben.
Wir brauchen eine Perspektive, wenn vielleicht auch noch eine Vision, um im gemeinsamen Europa zu einem ethisch begründeten Umgang mit Tier und Natur zu gelangen. Wer mit der Mitgeschöpflichkeit, mit der belebten und der unbelebten Natur, kein Erbarmen hat, der wird nie einen Frieden finden.

8. Ohne neue Ehrfurcht vor dem Leben geht es nicht*

Vor dem Tier hat unsere Ethik voll versagt

Gehört das Schlachtschwein in einer industriellen Großschlachterei, das mit der Elektrozange in der Hektik des Betriebes zu kurz betäubt wurde und über dem Entblutungsbecken wieder aufwacht, zur Schöpfung oder nicht? Das Versuchstier, die Affen, Hunde und Katzen, weit mehr als 10 Millionen in Deutschland? 40 Millionen Schweine, 5 Millionen Rinder, über 300 Millionen Stück Geflügel, die wir als Billigfleisch jährlich verspeisen?
Gehören sie alle zur langen und komplexen Geschichte des Lebens, die ohne Frage auch jeden Menschen mitumfaßt, zur Familie des Lebendigen, zu einem letztlich unergründlichen Geheimnis, das in dem Begriff *»Schöpfung«* anklingt? Oder sind es unbelebte Dinge, Sachen, die uns zur Verfügung und Ausbeutung, Herrschaft und Nutzung bedingungslos ausgeliefert sind?
Ratlosigkeit und Verdrängung scheinen unser Verhältnis zum Tier in einer modernen Industriegesellschaft zu charakterisieren. Wie konnte es zu einer Entwicklung kommen, über die wir hinwegsehen möchten, die uns beunruhigt, aber nicht wirklich verändert, deren Unrecht wir ahnen, ohne Konsequenzen ziehen zu wollen? Wo liegen die Ursachen?
Erklärungsversuche haben es nicht einfach. Manche halten sie für überflüssig. Allein schonungslose Dokumentation sei angesagt. Empörung des Gewissens, bedingungsloser Protest, politischer Druck. Ohne jedoch nach den Wurzeln unserer ethischen Immunität zu fragen, werden wir nicht weiterkommen. Ohne die tiefsitzenden kulturellen Denk- und Verhaltensmuster gegenüber dem Tier als Ware und Verbrauchsgegenstand offenzulegen, werden wir der komplexen Dimension der europäischen Barbarei nicht gerecht. Ohne vertiefte Suche nach den Ursprüngen unserer Einstellungen werden wir den langen Atem auf der Suche nach einer neuen Ehrfurcht vor dem Leben nicht aufbringen.

* Autor: Wolf-Rüdiger Schmidt, Dr. phil., Redaktionsleiter beim ZDF. Autor zahlreicher Fernsehdokumentationen. Buchpublikationen (zuletzt): »Leben ohne Seele? Tier – Religion – Ethik«, Gütersloh 1991.

So könnte eine der Thesen zur Erklärung unserer emotionalen Verhärtung gegenüber dem »Gebrauchs«-Tier lauten: Unsere abendländische, westliche Zivilisation hat zwar im Übermaß und bis zur totalen Erschöpfung eine Ethik für den zwischenmenschlichen Bereich entwickelt. Sie hat auch ein nicht endendes Interesse an der Qualifizierung des Verhältnisses der »Seele« zu ihrem »Gott« gepflegt. Aber sie hat dabei – und vielleicht gerade wegen der Überstrapazierung der zwischenmenschlichen Ethik – in der Entwicklung einer Ethik für das nicht-menschliche Leben spürbar versagt. Das Ergebnis des Versagens sind hochtechnisierte Massentierhaltung ohne jegliche Beachtung tierischer Grundbedürfnisse, Tiertransporte brutalsten Ausmaßes, industrielle Schlachtungen im Stile der Massenvernichtung, Tierversuche ohne Wenn und Aber.

Leben, das leben will

Gelegentliche Filme und Dokumentationen haben einer breiteren Öffentlichkeit das Ausmaß an Tierleid mitten unter uns unübersehbar vor Augen geführt. Im Prozeß der Entsakralisierung der Schöpfung, der Entheiligung alles nicht-menschlichen Lebens blieben die Tiere hoffnungslos auf der Strecke. Nichts ist uns heilig, und schon gar nicht das Tier. Und dies, obwohl wir alle, besonders aber die Kinder, letztlich wissen, daß Tiere auf wunderbare Weise Leben sind, das auch leben will. Leben, das wir verantwortlich, respektvoll, würdig zu behandeln haben. Obwohl wir alle im Innersten nie vergessen haben, daß die Ehrfurcht vor dem Leben eine Grundkategorie des Überlebens überhaupt ist. Wer diese Grundkategorie verachtet, der verachtet, zerstört und bedroht letztlich auch sich selbst. Denn auch der Mensch zählt natur- und schöpfungsgeschichtlich bleibend zur Familie des Lebens.
Es gibt nicht viele in unserem Jahrhundert, die wirklich nach den Ursachen unseres Versagens gefragt haben. Unübersehbar ist und bleibt etwa *Albert Schweitzer*. Seine bis heute nicht überholte Analyse der europäischen Ethik beginnt mit einem fast rührenden persönlichen Erlebnis des Tropenarztes in Afrika. 1915 fuhr Albert Schweitzer auf einem kleinen Dampfer den afrikanischen Ogowe-Fluß hinauf. Tagelang saß der Arzt auf dem Deck und versuchte, an einem Buch weiterzuschreiben: *»Am Abend des dritten Tages«*, erzählte er später, *»als wir uns beim Sonnenuntergang in der Nähe des Dorfes Igendja befanden, mußten wir an einer Insel in dem über einen Kilometer breiten Fluß entlangfahren. Auf einer Sandbank zur Linken wanderten vier Nil-*

pferde mit ihren Jungen in der selben Richtung wie wir. Da kam ich, in meiner großen Müdigkeit und Verzagtheit, plötzlich auf das Wort ›Ehrfurcht vor dem Leben‹, das ich, soviel ich weiß, noch nie gehört und nie gelesen hatte. Alsbald begriff ich, daß es die Lösung des Problems, mit dem ich mich abquälte, in sich trug. Es ging mir auf, daß die Ethik, die nur mit unserem Verhältnis mit dem anderen Menschen zu tun hat, unvollständig ist und darum nicht die völlige Energie besitzen kann.«
Schweitzers Kurzformel »Ehrfurcht vor dem Leben« erwies und erweist sich bis heute als tragfähig für eine allgemeine Ethik des Lebens: *»Leben erhalten, Leben fördern, entwickelbares Leben auf seinen höchsten Wert bringen...«* Der große Fehler aller bisherigen Ethik sei es, daß *»sie es nur mit dem Verhalten des Menschen zum Menschen zu tun zu haben glaubte. In Wirklichkeit handelt es sich darum, wie er sich zur Welt und allem Leben, das in seinen Bereich eintritt, verhält. Ethisch ist nur, wenn ihm das Leben als solches, das der Pflanze und des Tieres wie das des Menschen, heilig ist und er sich dem Leben, das in Not ist, helfend hingibt.«*
Damit war eine Perspektive angedeutet. Und es lag ein erster Erklärungsversuch vor, warum ausgerechnet unsere europäisch-christlich geprägte Kultur das Tier so weit und so konsequent aus dem menschlichen Mitgefühl ausblenden konnte. Aber waren es nur die gnadenlosen Folgen einer Religion, die den achtungslosen Umgang mit der Natur und besonders die Mißachtung des menschlichen Lebens verursacht hat, wie es etwa Carl Amery vor bald zwei Jahrzehnten nachdrücklich entfaltete?
Um der Wirklichkeit gerecht zu werden sind einlinige Schuldzuweisungen zu hinterfragen. Gründet unser heutiger Mangel an einer Tierethik nicht auf sehr unterschiedlichen Ebenen? Zu denken wäre etwa an eine menschheitsgeschichtliche Dimension, die mit dem unumgänglichen Kampf des frühen Menschen gegen die Mächte der Angst, des Schicksals und damit auch der bedrohlichen Macht der Tiere zu tun hat. Das wäre die archaische Wurzel. Der Mangel hat dann eine religionsgeschichtliche Dimension, die mit einer Qualifizierung des Glaubens an den *einen* Gott zu tun hat. Damit könnte eine Entwertung der Schöpfung eingeleitet sein. Und schließlich könnte der Mangel eine typisch neuzeitliche Komponente haben, die mit dem wachsenden Selbstwertgefühl des Menschen zusammenhängt, der sich aufgeklärt und überaus erfolgreich als Krone des Ganzen zu definieren versteht.
Genauer betrachtet hat die religionsgeschichtliche Dimension bei der

Suche nach den Ursachen unserer mangelhaften ethischen Einstellung gegenüber dem Tier ein besonderes Gewicht. Der jüdisch-christlich-islamische Glaube an den einen Gott, der Monotheismus, ist vom Abstand des Schöpfers von der Schöpfung geprägt. Wer – aus welchen Interessen auch immer – Schöpfer und Schöpfung so radikal trennt, daß beide am Ende nicht mehr mit den Begriffen eines Ineinander zu beschreiben sind, ist bald bereit, Schöpfung als beliebige Größe, als hintergrundloses Gut, als Steinbruch und Ware zu nutzen und ehrfurchtslos auszubeuten. Fast durchgehend beharrt die Tradition des europäischen Denkens auf der Trennung von Schöpfer und Schöpfung. Tatsächlich wurde in der alten Zeit die Trennung primär als Abgrenzung gegen heidnische Schöpfungsmythen betrachtet. Für den antiken Menschen, ob Jude, Christ oder Moslem, blieb natürlich die Schöpfung stets das Spiegelbild des Schöpfers. Aber das konnte jeder, der es wollte, bald vergessen. Bis heute wehrt sich die christliche Tradition vielfach gegen einen *»Gott in der Schöpfung«*, also Gott *»im Tier«*, *»in der Pflanze«*, *»im Stein«* ...

»Der Gerechte erbarmt sich des Viehs«

Daneben spielte das vielzitierte alte Wort *»Macht euch die Erde untertan«* als Aufforderung zur Herrschaft über Belebtes und Unbelebtes eine nicht zu übersehende Rolle. Die geschichtliche Herkunft des einprägsamen Wortes legt es nahe, zunächst eher an ein Bebauen, Pflegen und Bewahren zu denken und nicht an Herrschaft oder gar Ausbeutung der Erde. Und doch konnte der jüdisch-christlichen Tradition Ausbeutungsmentalität unterstellt werden. Schöpfung konnte zum »Untertan« werden. Daß die alltägliche Praxis im alten Israel eine andere, bäuerlich-archaische Erfahrung bewahrte, bleibt für den Kenner der europäischen Ursprungsgeschichte dennoch deutlich spürbar. Die schöpfungsnahe Praxis des alten Israel erinnerte sich vermutlich jenes vielzitierten Wortes zutreffend, nachdem der Mensch vor dem Tier keinen Vorrang habe. Auch wenn es in dieser alten Tradition eine bleibende Differenz zwischen Mensch und Tier gibt und die Tötungsgewalt gegenüber dem Tier noch ungebrochen scheint, bestimmt doch die Barmherzigkeit die Beziehung zum lebenden Tier: *»Der Gerechte erbarmt sich seines Viehs; aber das Herz des Gottlosen ist unbarmherzig.«*

Wer die Ambivalenz der jüdisch-christlichen Linie herausgearbeitet hat, wird den Beitrag griechisch-römischen Denkens zu unserer Kul-

tur nicht übersehen. Dies gilt besonders auch für das Mensch-Tier-Verhältnis. Bereits in der klassischen Philosophie Griechenlands ist das schöpfungsferne und folgenreiche Mittelpunktsdenken des abendländischen Menschen angelegt. Bereits hier ist das Tier ganz in den Dienst des Menschen gestellt. Für die großen griechischen Philosophen Platon und Aristoteles war das Tier zwar mit einer Seele begabt, aber nicht mit jener Seele des Menschen, die diesen unsterblich macht. Von daher gab es für Aristoteles auch keinen Grund, das Töten von Tieren abzulehnen. Die Sonderstellung des mit Vernunft begabten Menschen prägte die weitere abendländische Entwicklung.
Hinzu kam die Tradition des Römischen Rechtes. In ihm wurden Arbeitstiere den Sachen gleichgestellt. Damit hatte der Besitzer volle Verfügungsgewalt über das Tier. Tierquälerei war kein Thema. Die Tierkämpfe in der Zeit der römischen Imperatoren belegen eindrücklich, daß ein Empfinden für das Tier als beseeltem Wesen auf breiter Front nicht vorhanden gewesen sein dürfte.

Tiere als Maschinen

Konsequent und wirkungsvoll geschieht die Loslösung des Menschen von seinem kreatürlichen Kontext in der neuzeitlichen Philosophie bei *René Descartes*. Für ihn begründet sich der Mensch im Denken allein: *»Ich denke, also bin ich.«* Descartes vergleicht den tierischen Organismus mit einem Automaten und kann trotz der Bewunderung für die gut konstruierten tierischen Körper keinen Unterschied zu einer Maschine feststellen. Was Tiere tun, ist eine Art mechanische Reizreaktion. Tiere haben deshalb auch keinen Geist, so meint der Philosoph, *»und es ist ihre Natur, die in ihnen je nach der Einrichtung ihrer Organe wirkt, ebenso offensichtlich wie eine Uhr, die nur aus Rädern und Federn gebaut ist, genauer die Stunden zählt und die Zeit messen kann, als wir mit all unserer Klugheit«*. Die menschliche Seele ist im Gegensatz zum Tier völlig unabhängig vom Leib und als solche ganz im Sinne der abendländisch-griechischen Tradition allein unsterblich. Das Tier bleibt mit dieser lebensreduzierenden Definition auf der Strecke.
Die Auseinandersetzung um die Sicht der Tiere bei Descartes war heftig. Widerspruch ließ nicht auf sich warten; aber Descartes' Philosophie erwies sich als wirkungsvoll und gebrauchsfähig. Mit ihr konnten die aufkommenden qualvollen Untersuchungen an lebenden, unbetäubten Tieren metaphysisch geradezu entschuldigt werden.

Neben den antiken, griechisch-christlichen Komponenten wird häufig ein weit dahinter liegender Faktor zur Entstehung unseres tierethischen Mangels übersehen. Es ist die archaisch-urzeitliche Wurzel der Angst vor der Natur. Hierzu zählt die Befreiung vom Tier, das als Bedrohung empfunden wurde. Wenn der vorgeschichtliche Jäger und Fallensteller dem getöteten Tier seine Achtung erwies, dann war es noch ungebrochen der Respekt vor der Stärke und der Kraft des erbeuteten Tieres. Unsere Vorfahren in ihrer langen Jäger- und Sammlerzeit waren den Tieren körperlich unterlegen. Mut und technische Phantasie brachten den Menschen dazu, sich gefährliche Tiere vom Halse zu halten, sie in Höhlen und Fallen zu locken, Abhänge hinunterzutreiben, mit Pfeil und Bogen menschliche Langsamkeit auszugleichen. Zunehmend mußte der Mensch im Übergang zur planvollen »Nutzung« der Tiere für eigene Zwecke dann seine Ahnung zurückdrängen, daß er zum Ganzen dazugehört, um effektiver und instrumenteller mit der für ihn bedrohlichen Natur und Tierwelt umgehen zu können.

Die evolutive Nähe von Tier und Mensch

Mit den kurzen Hinweisen auf alte Wurzeln des tierethischen Defizits soll folgendes angedeutet werden: eine *moderne Ethik für das nichtmenschliche Leben* muß die Entsakralisierung, die Entheiligung unseres Verhältnisses zum Tier voraussetzen – so paradox das klingt. Sie ist Teil der Ent-Ängstigung des menschlichen Weltverhaltens. Sie erst erlaubt es, das Tier als Mitgeschöpf in unser Bewußtsein zurückzuholen, freilich mit allen Konsequenzen. Was wir auf der Suche nach einer neuen Ethik für das nicht-menschliche Leben nicht reaktivieren können, ist der archaische, angstbesetzte Respekt vor dem Tier.
Deshalb ist nur eine aufgeklärte Form der Ehrfurcht vor dem Leben tragfähig und politisch umsetzbar. Eine Ehrfurcht, die etwas von der Komplexität des Lebens weiß, von der engen, aufeinander angewiesenen Zuordnung und Abhängigkeit zwischen Tier und Mensch. Ein evolutives Weltverständnis der nahen Verwandtschaft alles Lebendigen könnte aus dem Erkennen ein Sollen entwickeln, aus der Einsicht ein neues Verhalten. Nicht die offenkundige Unterscheidung von Tier und Mensch, sondern die evolutive Nähe, die sich in genetischer Ausstattung und wahrnehmbarem Verhalten niederschlägt, steht für die Lebensforschung heute im Vordergrund. Sollte dies ohne Konsequenzen bleiben?

Für den großen Zoologen *Adolf Portmann* etwa ist es selbstverständlich, daß Tiere *»empfinden und erleben ähnlich wie wir, daß sie Stimmungen unterworfen sind wie wir, daß sie Zuneigung und Ablehnung unter sich wie im Umgang mit uns Menschen zeigen«*. Auch in der Welt der Tiere sei das Seelische eine Realität. Diese Sicht betreibt keine Vermenschlichung des tierisch Geborenen. Aber – so schreibt Portmann – *»die Gewißheit einer reichen tierischen Innerlichkeit ist so überwältigend, daß der Zugang zu der Innerlichkeit der Tiere auf neuen Wegen und mit Erfolg«* gesucht werden kann.
Mag sich das evolutive Weltverständnis mit einem vertieften Verständnis des religiösen Begriffes *»Mitgeschöpflichkeit«* berühren; mag dadurch das Tierschutzgesetz von 1986 eine erste – freilich im Detail weitgehend folgenlose – Aufwertung erfahren, so sind die Ansätze zu einer neuen Ethik für das nicht-menschliche Leben doch äußerst schwach. Ob sie sich zukünftig auf die Kraft eines alten Schöpfungsglaubens oder auf die Plausibilität der modernen evolutiven Lebensforschung bezieht, in jedem Fall könnte eine neue »Ehrfurcht vor dem Leben« ein integraler Orientierungspunkt für den Umgang mit dem nicht-menschlichen Leben sein.

Tiere als Mitgeschöpfe. Ethische Konsequenzen

Aus einer neuen, aufgeklärten »Ehrfurcht vor dem Leben« werden einerseits politisch-rechtliche Folgen im Tier-Mensch-Verhältnis zwingend. Andererseits führt die Annahme der schöpfungs- und naturgeschichtlichen Perspektive, die mit dem Begriff »Mitgeschöpf« programmatisch gegeben ist, fast zwangsläufig zu spürbaren gesellschaftlichen und persönlichen Einstellungsänderungen. Konkret könnte die ebenso schlichte wie geniale Kurzformel Albert Schweitzers innerhalb einer übergreifenden Ethik des Lebens unter anderem folgende Forderungen nahelegen:

1. Tiere haben eine eigene Würde und eigene Lebensrechte, die nicht von den Lebensrechten des Menschen abgeleitet werden können. Das eigene Lebensrecht fordert eine Behandlung durch den Menschen, die das andere Leben fördert, pflegt und den Respekt vor dem nicht-menschlichen Leben an keinem Punkt aufgibt. Insbesondere gilt es im Verhältnis von Tier und Mensch, Leiden, Schmerz und Qual jeglicher Art zu vermeiden.
2. Das Prinzip der Leidensverminderung grenzt jegliche Versuchsanordnung mit Tieren extrem ein. Es zwingt zu einer radikalen

Veränderung der derzeitigen industriellen Schlachtung, die in hohem Maße ohne ausreichende Betäubung erfolgt. Es verändert die derzeit im Tierschutzgesetz vorgesehenen Ausnahmeregelungen, sofern sie nur eine gewisse Vernünftigkeit für sich beanspruchen.

3. Die gegenwärtig vorliegenden gesetzlichen Konkretionen eines am Begriff der Mitgeschöpflichkeit orientierten Tierschutzes sind unter dem Gesichtspunkt der Würde und des eigenen Lebensrechts des Tieres ausnahmslos zu überprüfen, in vielen Fällen sogar als Täuschung zu durchschauen und in weiten Teilen wesentlich zu verschärfen.
4. Wenn die evolutive Nähe von Mensch und Tier konkretisiert wird, bedeutet dies, daß uns Tiere nur sehr begrenzt und ausnahmslos begründet als Nutz-Tiere zur Verfügung stehen. Die Entwertung des Tieres zur bloßen Sache, die uns grenzenlos und herrschaftsförmig untergeordnet ist, muß als eine schwerwiegende Fehleinschätzung unserer Position im Kontext des Lebens angesehen werden.
5. Massentierhaltung, massenhafte Tiertransporte und industrielle Schlachtung bedürfen strengster Auflagen. So müßten bei der Massentierhaltung die Bedürfnisse der jeweiligen Art nach Bewegung, Nahrung, generativem Verhalten und Geselligkeit spürbar garantiert werden. Dies heißt de facto, daß so gut wie alle heutigen Massenhaltungssysteme zurückzuentwickeln oder aufzuheben sind. Beim Tiertransport gilt Entsprechendes. Nur strengste Kontrollen können die mannigfaltigen Verletzungsmöglichkeiten und die strukturell vorgegebene Tierquälerei verringern und ausschließen. Ganz besonders ist die industrielle Schlachtung grundlegend zu verändern. Die heutige Praxis der Betäubung gewährt nur im begrenzten Umfang Schmerzfreiheit bei der Tötung.
6. Die Grundaussage »Ehrfurcht vor dem Leben« wird nicht in jedem Fall eine vegetarische Lebenshaltung zur Folge haben müssen, wiewohl für viele Menschen Fleischverzicht die einzig mögliche Verhaltensänderung angesichts des massenhaften Tierleids darstellt. Gesellschaftspolitisches Ziel muß jedoch die radikale Verminderung des Fleischverbrauchs sein, insbesondere die Aufhebung des Billigfleischverbrauchs im großen Stil, womit die Bereitschaft verbunden ist, einen angemessenen Preis für Fleisch aus artgerechter Haltung zu zahlen.
7. Insgesamt wird sich das Verhältnis des Menschen zum gequälten

und mißbrauchten Tier in einer komplexen Industriegesellschaft nur grundlegend ändern, wenn zweierlei geschieht:
Es muß einerseits öffentlich sichtbar und diskutierbar werden, was wir »Tieren als Ware« in der Massentierhaltung, beim Transport, bei der Schlachtung und bei Tierversuchen antun. Die Schmerzgrenze und die Verdrängungsbedürfnisse dürfen dabei nicht zur Richtschnur unserer Wahrnehmung werden. Nur wo durch tiefes Erschrecken unsere uralte Sympathie zum nicht-menschlichen Leben und unsere ursprüngliche Wahrnehmung der Tier-Mensch-Nähe aktiviert werden, sind grundlegende Veränderungen möglich.
Andererseits wird auch eine hochentwickelte Industriegesellschaft, die ein sehr instrumentalisiertes Verhältnis zum Leben insgesamt hat, im Tier ein Stück jener Unerklärlichkeit des Lebens zurückholen müssen, ohne die auch der Mensch nicht leben kann. Gehen wir wirklich zu weit, wenn wir die »Kategorie des Heiligen« (Hans Jonas) auch auf die Welt der Tiere beziehen? Wer die prinzipielle Heiligkeit auch des Tierlebens nicht achtet, könnte am Ende auch den Menschen und sich selbst in seiner Würde und seinen Eigenrechten nicht verstehen. Dies wäre mehr als ein Rückfall in die Barbarei. Es wäre in der Tendenz das Ende der Humanität.

Kontaktadressen

Deutscher Tierschutzbund
Baumschulallee 15
5300 Bonn 1

Environmental Investigation Agency (EIA)
2, Pear Tree Court
London EC 1 ODS
Großbritannien

Komitee gegen den Vogelmord e. V.
Neuer Wall 26
2000 Hamburg 36

Menschen für Tierrechte e. V. / Bundesverband der Tierversuchsgegner
Postfach 17 01 10
5300 Bonn 1

Aktionsgemeinschaft Artenschutz e. V.
Römerstr. 2
7015 Korntal-Münchingen 2